国家自然科学基金面上项目(31770529, 41601090, 41877337)
重庆市自然科学基金项目(cstc2018jcyjAX0813)
重庆市教育委员会科学技术研究项目(KJZD-K201801201, KJQN20181230)
重庆市高校重点实验室项目(WEPKL2016ZD-01, WEPKL2016ZZ-01)
江苏省自然科学基金(BK20160950)
江苏省高校自然基金(16KJB170009)

环境土壤学分析测试与研究方法

林俊杰　刘　丹　于志国　著

东北大学出版社

·沈　阳·

ⓒ 林俊杰 刘 丹 于志国 2018

图书在版编目（CIP）数据

环境土壤学分析测试与研究方法 ／ 林俊杰，刘丹，于志国著. — 沈阳：东北大学出版社，2018.6
ISBN 978-7-5517-1919-3

Ⅰ. ①环… Ⅱ. ①林…②刘…③于… Ⅲ. ①环境土壤学—沉积物—分析方法②环境土壤学—沉积物—测试技术③环境土壤学—沉积物—研究方法 Ⅳ. ①X144

中国版本图书馆 CIP 数据核字（2018）第 153207 号

出 版 者：东北大学出版社
　　　　　地址：沈阳市和平区文化路三号巷 11 号
　　　　　邮编：110819
　　　　　电话：024-83687331（市场部）　83680267（社务部）
　　　　　传真：024-83680180（市场部）　83680265（社务部）
　　　　　E-mail：neuph@ neupress. com
　　　　　网址：http∥www. neupress. com
印 刷 者：沈阳市第二市政建设工程公司印刷厂
发 行 者：东北大学出版社
幅面尺寸：170mm×240mm
印　　张：9. 5
字　　数：151 千字
出版时间：2018 年 6 月第 1 版
印刷时间：2018 年 6 月第 1 次印刷
组稿编辑：周文婷
责任编辑：潘佳宁
责任校对：张雪娇
封面设计：潘正一

ISBN　978-7-5517-1919-3　　　　　　　定　价：54. 00 元

《环境土壤学分析测试与研究方法》
著 作 名 单

林俊杰　重庆三峡学院

刘　丹　重庆三峡职业学院

于志国　南京信息工程大学

前　言

　　土壤与粮食生产与安全、人类健康与生存密切相关，同时，在环境保护、全球气候变化等领域也发挥着重要作用。土壤学发展历史悠久，理论与研究方法日渐成熟，主要包括土壤物理学、土壤化学、土壤生物学和土壤地理学等分支学科。近年来，土壤学与全球气候变化关系密切，且土壤污染与修复研究成为重要方向，呈现多学科交叉快速发展态势。研究热点不断涌现，主要包括："重金属污染与生物累积效应""土壤有机污染与生物降解""土壤管理与元素循环""土壤固碳与全球气候变化""土壤微生物与环境污染""土壤理化性质与水盐运移""土壤有机碳与环境效应""土壤区域环境与空间变异"等方面。

　　全书共分为7章，第1章为土壤样品的采集、处理与保存，详细介绍了土壤剖面、盐分、原状等样品的采集、前处理方法及常用采样工具等。第2章为土壤基本性质，介绍了土壤 pH 值、含水量、容重、粒径组成的测定方法。第3章为土壤碳分析，介绍了土壤总碳、可溶性有机碳、颗粒有机碳、水溶性碳水化合物、非结构碳水化合物、溶解性有机碳的生物可降解性、微生物量碳、土壤轻重组有机碳、活性有机碳以及土壤活性、非活性碳、碳库活度、碳库指数、土壤呼吸速率等的分析与研究方法。第4章为土壤氮分析，介绍了土壤全氮、土壤无机氮、氮形态、净氮矿化和总氮矿化等测试与研究方法。第5章为土壤磷、钾、硫、铁分析，介绍了土壤总磷、有效磷、速效磷、磷形态、微生物磷、水溶液中硫化物、水溶液中二价铁和三价铁等分析与研究方法。第6章为土壤生物学性质，介绍了土壤微生物多样性、土壤酶、土壤氨基糖和线虫群落组成与多样性的测定与研究方法。第7

章为土壤重金属，介绍了土壤、沉积物和植物样品中重金属测定的消解方法以及原子吸收分光光度法和电感耦合等离子体原子发射光谱法。

在研究和撰写本书过程中，得到了国家自然科学基金面上项目（31770529，41601090，41877337），重庆市自然科学基金项目（cstc2018jcyjAX0813），重庆市教育委员会科学技术研究项目（KJZD－K201801201，KJQN20181230），重庆市高校重点实验室项目（WEPKL2016ZD－01，WEP-KL2016ZZ－01），江苏省自然科学基金（BK20160950），江苏省高校自然基金（16KJB170009）的资助，同时得到了张帅、曲衍桦、陈茜、周爽等的大力帮助，特此向他们表示深深的谢意。此外，书中引用了大量国内外相关专家、学者的研究成果，在此一并致谢。

著　者

2018 年 5 月 16 日

目 录

第 1 章　土壤样品的采集、 处理与保存

1.1　土壤样品采集方法

1.1.1　原状土壤样品

　　为测定某些土壤物理性质，需要采集原状样品。土壤物理性质的测定，包括土壤孔隙度、土壤容重等土壤结构方面的测定，可直接用环刀在各土层中取样。在取样过程中，尽量保持土壤的原状，保持土块不受挤压，避免样品变形[见图 1-1-1(a)(b)]；采样时，注意土壤湿度大小，不宜过干或过湿，最好在经接触不变形、不粘铲时分层取样，如有受挤压变形的部分则不宜采用。土样采集后要装入铁盒中保存，根据拟测定项目的要求装入铝盒或环刀，携带到室内进行分析测定[见图 1-1-1(c)]。

(a)　　　　　　　　　　　　　　　(b)

(c)

图 1-1-1　环刀取样

1.1.2　土壤剖面样品

　　土壤剖面指从地表到母质层的垂直断面。不同类型土壤具有不同形态的土壤剖面。土壤剖面可表示土壤的外部特征，包括土壤的若干发生层次、颜色、质地、结构、新生体等。在土壤形成过程中，由于物质的迁移和转化，土壤分化成一系列组成、性质和形态各不相同的层次，称为发生层。发生层的顺序及变化情况，反映了土壤的形成过程及土壤性质。土壤剖面发生层一般分为：表土层（A 层）、心土层（B 层）和底土层（C 层）。底土层中，还包括潜育层（G 层）。

　　土壤剖面样品，按土壤发生层次采样，一般用于研究土壤基本理化性质。先在选择好的剖面位置挖掘 1 个长方形土坑，规格为 1.0m×1.5m 或者 1.0m×2.0m，土坑的深度根据具体情况确定，大多在 1~2m，一般要求达到母质层或地下水位。观察面为长方形较窄向阳的一面，挖出的土严禁放在观察面的上方，应置于土坑两侧。然后自上而下划分土层，根据土壤剖面的结构、湿度、颜色、松紧度、质地、植物根系分布等进行确定。在分层基础上，按计划项目仔细进行逐条观察并做出描述与记录，为便于分析结果审查时参考，应当在剖面记载簿内逐一记录剖面形态特征。观察记录完成后，采集分析样品时，自上而下逐层进行，无需采集整个发生层。对各发生土层中部位置的土壤进行采集，将采好的土样放入样品袋内，并准备好标签（注明采集地点、层次、剖面号、采样深度、土层深度、采集日期和采集人等信息），将标签同时附在样品袋的内外。

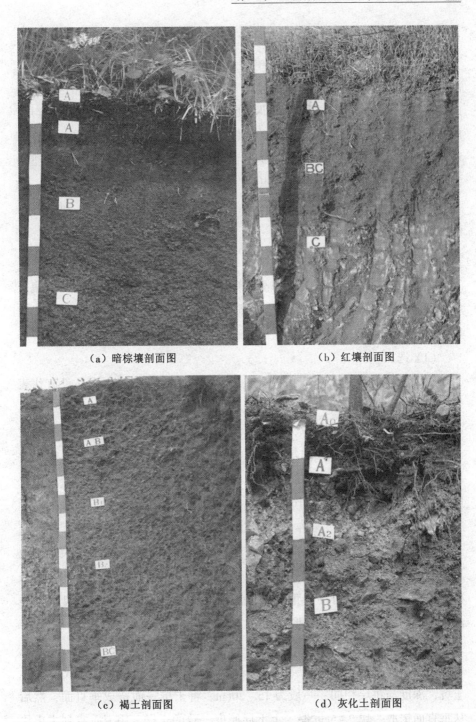

（a）暗棕壤剖面图　　　　　　　　（b）红壤剖面图

（c）褐土剖面图　　　　　　　　　（d）灰化土剖面图

图 1-1-2　土壤剖面图

1.1.3 土壤盐分动态样品

为掌握土壤中盐分的积累规律和动态变化，需要采集盐分动态样品。淋溶和蒸发是造成土壤剖面中盐分季节性变化的主要原因，因此这类样品的采集应按垂直深度分层采取。即从地表起每 10cm 或 20cm 划 1 个采样层，取样方法多用"段取"，即在该取样层内自上而下，全层均匀采取，这样有利于土壤储盐量的计算或绘制土壤剖面盐分分布图。而研究盐分在土壤中垂直分布的特点时，则多采用"点取"，即在各取样层的中部位置取样。此外，因盐分上下移动受不同时间的淋溶与蒸发作用的影响很大，对采样时间和深度应引起重视。

1.1.4 平均（混合）样品

为研究符合苗木生长发育的土壤条件，在苗圃或实验地分数处采集土壤并进行混合。通常采取一定深度（随苗木根系深度而定）的土壤或只取耕作层土壤。

（1）选点。

土壤样品化验结果，代表采样单元面积的土壤情况。如样品没有代表性，即使化验再准确也无实用价值，因此，必须在采样田块中多点采样，混合均匀。采样点数的多少，根据地形地貌、肥力均衡性和采样田块的大小而定。地形地貌复杂的田块设点数多些；肥力差异较大的田块，相应要比肥力均匀的田块多些；田块面积大的要比田块面积小的多些。一般田块面积小于 $0.7hm^2$，取 5 ~ 10 个点；0.7 ~ 3.3hm²，取 10~15 个点；大于 3.3hm²取 15 个点以上。采样点分布的原则是均匀，不能过于集中，注意避开田边、沟边、肥堆边和前茬作物施肥处等特殊位置。根据田块大小、地形地势、肥力均匀性等因素确定，用对角线、棋盘式和蛇形等三种方法采样。田块面积较小，可用对角线采样法；田块面积中等，可用棋盘式采样法；田块面积较大，可用蛇形采样法（如图 1-1-3）。

（2）取样。

每点采样时，先铲去表层杂质（若有明显杂质），再用铁铲铲成 V 字形土坑，深度与耕层相同，一般为 15~20cm。将土坑一面铲成垂直面，然后从垂直面铲取一块 2~5cm 厚、上下层厚度一致的土样，用刀垂直划去土块左右两边，留下长条形土块即为采样土块。每个采样点的取土深度应均匀一致，所取土块上下层厚度要相同，采样土块重量大致相等。如测试微量元素，需用非金属器具采样。

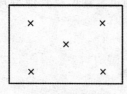 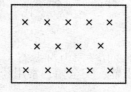 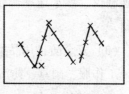

（a）对角线采样法　　　（b）棋盘式采样法　　　（c）蛇形采样法

图 1-1-3

（3）样品重量、标签和装袋。

送到化验室的样品，重量要求 1kg 左右。在采样过程中，将多点采集的土壤集中在一起，称为混合样。混合样重量较大，所以要去掉部分样品。方法是：将混合样摊在塑料布上，除去动植物残体、石砾等杂质。如果动植物残体、石砾等杂质过多，应将混合样、杂质分别称重记录。需将大块的样品破碎，注意混匀，摊成圆形，中间划十字分成四份，然后对角线去掉 2 份，留取 2 份，这种方法称为"四分法"（见图 1-1-4）。若样品还多，将样品再混合均匀，反复进行"四分法"，直至样品重量为 1kg 左右。用铅笔写好样品标签，每个样品须写 2 个标签，标签内容包括编号、采样地点、采样深度、田块位置（或经纬度）、农户姓名、采样人、采样时间等。可用专用土样袋或塑料袋装样品，样品装进统一的样品袋，内外各附一张标签。

（a）平铺样品　　　　（b）对角划分　　　　（c）对角取样

图 1-1-4　四分法

1.2　土壤采样工具

（1）工具类。

铁铲、铁镐、土钻、土刀、土铲等。

（2）器材类。

GPS、罗盘、高度计、卷尺、标尺、环刀、铝盒、盐分速测仪、土壤养分速测仪、渗水速率测定仪、样品袋、标本盒、照相机、卷尺及其他特殊器材。

（3）安全防护用品类。

工作服、雨具、防滑登山鞋、安全帽、常用药品等。

（4）其他。

标签、记录表格、文具类。

1.3 土壤样品前处理

1.3.1 风干

除了某些项目（如田间水分、硝态氮、铵态氮、亚铁等）需用新鲜土样测定以外，一般项目都用风干样品进行分析。将土壤样品弄成碎块平铺在干净的纸上（或土壤风干盘中），堆成薄层放于室内阴凉通风处（通常在气温25~35℃，空气相对湿度为20%~60%时），经常加以翻动，以加速干燥，并随时拣去粗大的植物残体、结核等物。风干时各个土样应处于相同条件下。在有条件的情况下也可在通风橱中风干，切忌阳光直接曝晒，也勿使酸碱、蒸汽或氨等气体侵入，风干时在土面上盖上薄纸，以防尘土落入。待土样半干时，须将大土块碾碎（尤其是黏性土壤），以免完全干燥后结成硬块，难以磨细。将一个带编号（用铅笔写）的不怕水湿的塑料标签放于土中，并注意此标签在随后的磨碎时必须取出，以防和土一起被磨碎而混在土中。

图1-3-1 土样风干

1.3.2　冻干

将采集的土壤样品收集到密闭的非金属容器，根据样品分隔要求，将土壤样品置于样品盘内，套入样品冻干保护膜，放入冻干机内，预冻开始。预冻结束后，执行干燥程序（可直接调用内嵌干燥程序），干燥结束后收集冻干机土壤样本，长期保存需真空密封。

1.3.3　研磨过筛

（1）研钵研磨。

挑出自然风干土样内的植物残体，使土体充分混匀，称取土样约 500g 放在研钵内研磨。用四分法取 500g 干土样放在硬木盘上，用木棒碾压（不可用铁棒或岩石粉碎机，以防压碎石块或铁污染），用孔径为 1mm 的筛子过筛，直至全部筛完（检验方法是用手搓石块时，无土粒黏附在手上），将大于 1mm 的石砾称重，计算石砾占总土重的百分数，然后弃去；小于 1mm 的土样，经充分混合后，置于广口瓶中，贴上标签。

（2）球磨仪研磨。

风干样品的粒径不超过 8mm 时可用冷冻混合球磨仪，其是实验室样品前处理的必备仪器，主要用于少量样品的干磨、湿磨以及低温研磨和快速粉碎，需要的样品量不是很大，但可在极短的时间内达到混合、均化和精细研磨的效果，可同时研磨两组样品，最终出样尺寸约 5μm。

1.4　土壤样品保存方法

在生产和科研工作中的土壤样品，通常应保存半年至一年，以备必要时核查，标准样品或对照样品则需长期妥善保存，保存的分析样品须密装在磨口塞的广口瓶中，瓶上贴有标签，瓶内放有一张同样的标签，以防瓶外标签脱落。标签上记明土样号码、土类名称、采样土点、采土深度、采样日期、采取人等项目（见图 1-4-1），一般样品在分析后，剩余部分也可装入纸袋保存。瓶装和纸袋装样品，应避免存放在受日光、高温、

图 1-4-1　样品保存示例

潮湿和酸碱气体等影响的环境中。

表 1-4-1 标准筛孔对照表

筛号	筛孔直径/mm	筛号	筛孔直径/mm
2.5	8.00	35	0.50
3	6.72	40	0.42
3.5	5.66	45	0.35
4	4.76	50	0.30
5	4.00	60	0.25
6	3.36	70	0.21
7	2.83	80	0.177
8	2.38	100	0.149
10	2.00	120	0.125
12	1.68	140	0.105
14	1.41	170	0.088
16	1.18	200	0.074
18	1.00	230	0.062
20	0.84	270	0.053
25	0.71	325	0.044
30	0.59		

本章参考文献

[1] 王娟,孙爱平,王开营,等.土壤样品采集的原则与方法[J].现代农业科技, 2011(21):300-301.

[2] 奚廷孔,张艳新.土壤样品的采集和处理技术[J].广西农学报,2007,22 (3):36-37.

[3] 陶澍,曹军.土壤中水溶性有机碳测定中的样品保存与前处理方法[J]. 土壤通报,2000,31(4):174-176.

第 2 章　土壤基本性质

2.1　土壤 pH 值

2.1.1　实验原理

采用电位法测定土壤 pH 值是将 pH 玻璃电极和甘汞电极（或复合电极）插入土壤悬液或浸出液中构成原电池，测定其电动势值并换算成 pH 值。

在酸度计上测定，经过标准溶液校正后可直接读取 pH 值。水土比对 pH 值影响较大，尤其对于石灰性土壤稀释效应的影响较为显著。因此，采取较小水土比为宜，本方法采用水土比为 2.5∶1。此外，酸性土壤除测定水浸土壤 pH 值外，还应测定盐浸 pH 值，即以 1 mol·L⁻¹ KCl 溶液浸提土壤 H⁺后，用电位法测定。本方法适用于各类土壤 pH 值的测定。

2.1.2　实验试剂

① 去离子水。

② 1 mol·L⁻¹氯化钾溶液：称取 74.6g 氯化钾溶于 800mL 去离子水中，用稀氢氧化钾和稀盐酸调节溶液 pH 值为 5.5~6.0，稀释至 1L。

③ pH 值为 4.01（25℃）标准缓冲液：称取经 110~120℃烘干 2~3h 的邻苯二甲酸氢钾 10.21g 溶于水，移入 1L 容量瓶，定容，储于聚乙烯瓶中。

④ pH 值为 6.86（25℃）标准缓冲溶液：称取经 110~130℃烘干 2~3h 的磷酸氢二钠 3.533g 和磷酸二氢钾 3.388g 溶于水，移入 1L 容量瓶，定容，储于聚乙烯瓶中。

⑤ pH 值为 9.18（25℃）标准缓冲溶液：称取经平衡处理的硼砂（$Na_2B_4O_7 \cdot 10H_2O$）3.800g 溶于去离子水中，移入 1L 容量瓶，定容，储于聚乙烯瓶中。

⑥硼砂平衡处理：将硼砂放在盛有蔗糖和氯化钠饱和水溶液的干燥器内平衡两昼夜，以保证硼砂的分子结构和组成不变。

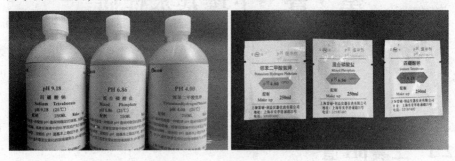

图 2-1-1　pH 标准溶液

2.1.3　实验仪器

酸度计（pH 值精确到 0.01，有温度补偿功能）、pH 电极、玻璃棒等。

2.1.4　分析步骤

（1）仪器校准。

将待测液与标准缓冲溶液调到同一温度，并将温度补偿调到该温度值。用标准缓冲溶液校正仪器时，先将电极置于与所测试样 pH 值相差不超过 2 个 pH 单位的标准缓冲溶液中，启动计数开关，调节定位器使计数刚好为标准液的 pH 值，反复几次至读数稳定。取出电极洗净，用滤纸吸干水分，再插入第二个标准缓冲液中，两个标准溶液之间允许偏差 0.1pH 单位，若超过该范围则应检查仪器电极或标准缓冲溶液是否有问题。仪器校准无误后，方可用于样品测定（见图 2-1-2）。

（2）土壤水浸液 pH 值的测定。

称取 10.0g 过 2mm 孔径筛的风干土壤于 50mL 离心管中，加 25mL 去离子水，用玻璃棒搅拌 1min，使土粒充分分散，用离心机离心至水土分层后进行测定。将土壤上清液倒在 20mL 的小烧杯里，把电极插入待测液中，轻轻摇动烧杯以除去电极上的水膜，促使其快速平衡，静置片刻，按下读数开关，待读数稳定（在 5s 内 pH 值变化不超过 0.02）时记下 pH 值。放开

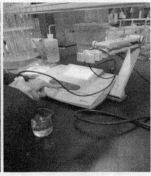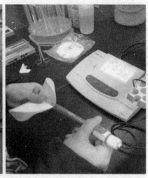

图 2-1-2　仪器校准

读数开关取出电极，以水洗涤，用滤纸条吸干水分后即可进行第二个样品的测定。每测 5~6 个样品后需用标准缓冲溶液检查定位。

（3）土壤氯化钾浸提液 pH 值的测定。

当土壤水浸液的 pH 值小于 7 时，应测定土壤盐浸提液 pH 值。测定方法除用 1 mol·L^{-1}氯化钾溶液代替去离子水以外，其他步骤与水浸液 pH 值测定相同。用酸度计测定 pH 值对结果进行计算时，直接读取 pH 值，不需计算，结果保留一位小数，并标明浸提剂的种类。

（4）精密度。

平行测定结果允许绝对值相差：中性、酸性土壤不大于 0.1pH 单位，碱性土壤不大于 0.2pH 单位。

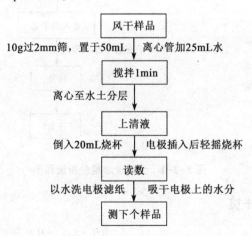

图 2-1-3　土壤 pH 值分析流程图

2.2 土壤含水量的测定（烘干法）

2.2.1 方法原理

土壤样品在105℃±2℃烘至恒重时的失重，即为土壤样品所含水分的质量。

2.2.2 仪器设备

铝盒、天平、烘干箱、干燥器等。

2.2.3 操作步骤

① 用天平称铝盒重量，记为 B（g）；

② 称取约20g新鲜土壤样品置于铝盒中，记下铝盒+湿土重记为 $B+S_w$（g）；

③ 将装有鲜土的铝盒放入烘干箱，105℃下烘干24h；

④ 将铝盒从烘干箱拿出放入干燥器待其冷却至室温，称量铝盒+干土重，记为 $B+S_d$（g）。

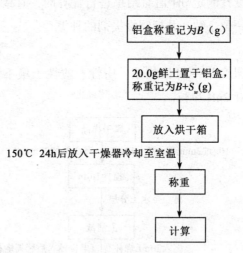

图 2-2-1 土壤含水量分析流程图

2.2.4 结果计算

$$土壤含水量 = 1 - \frac{(B+S_d)-B}{(B+S_w)-B}$$

式中：B ——铝盒质量，g；

　$B+S_d$ ——铝盒+干土质量，g；

　$B+S_w$ ——铝盒+湿土质量，g。

2.3　土壤最大持水量的测定（环刀法）

2.3.1　方法原理

在自然状态下，用一定容积的环刀（一般为 $100cm^3$）取土，到室内加水至毛管全部充满，并将相同土壤的风干土与湿土紧密接触使水下渗 8h，取一定量湿土放入 105~110℃烘干箱中，烘至恒重。水分占干土的质量分数即为土壤田间持水量。

2.3.2　仪器设备

天平、环刀、筛子、烘干箱、铝盒、滤纸、干燥器等。

2.3.3　操作步骤

① 用环刀在被测定地块采原状土，带回室内，在环刀有孔一侧衬滤纸一张，并盖上有孔的盖子，使有孔盖一面向下、无孔盖一面向上放入平底容器中，缓慢加水，保持水面比环刀上缘低 1~2mm，浸泡 24h。

② 同时在相同土层采土、风干，通过 2mm 筛子，装入另一环刀中，装土时要轻拍击实，并稍许装满些。

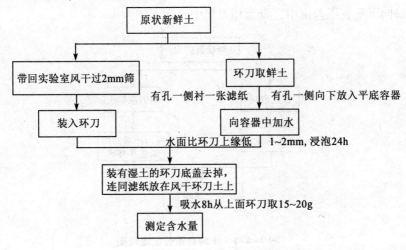

图 2-3-1　土壤最大持水量分析流程图

③将装有饱和湿土的环底盖打开，连同滤纸一起放在风干土的环刀上。为使接触紧密，可用砖压实。

④经过 8h 吸水过程后，从上面环刀中用铝盒取土 15~20g 测定其土壤含水量，此值即接近于该土壤的田间持水量。

2.3.4 结果计算

土壤最大持水量计算：计算方法同土壤含水量一样。

2.4 土壤容重的测定（环刀法）

2.4.1 方法原理

用一定容积的环刀（一般为 $100cm^3$）切割未搅动的自然状态的土样，使土壤充满其中，称量后计算单位容积的烘干土重量。本法适用一般土壤，对坚硬和易碎的土壤不适用。

2.4.2 仪器设备

环刀（容积为 $100cm^3$）、天平、烘干箱、干燥器。

2.4.3 操作步骤

① 在田间选择挖掘土壤剖面的位置，按使用要求挖掘土壤剖面。一般如果只测定耕层土壤容重，则不必挖土壤剖面。

② 将环刀托放在已知质量的环刀上，环刀内壁稍擦上凡士林，将环刀刃口向下垂直压入土中，直至环刀筒中充满土样为止。

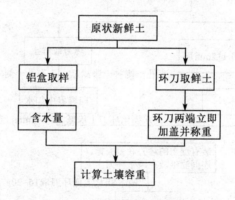

图 2-4-1 土壤容重分析流程图

③ 取出已充满土的环刀，小心削平环刀两端多余的土，并擦净环刀外面的土。同时在同层取样处用铝盒采样，测定土壤含水量。

④ 把装有土样的环刀两端立即加盖，以免水分蒸发。随即称重（精确到 0.01g），并记录。

⑤ 将装有土样的铝盒烘干称重，测定其含水量。

2.4.4　结果计算

$$\rho_b = \frac{m}{V\ (1+\theta_m)}$$

式中：ρ_b ——土壤容重，$g \cdot cm^{-3}$；

m ——环刀内湿土重量，g；

V ——环刀体积，cm^3；

θ_m ——样品含水量，%。

2.5　土壤粒径的测定

2.5.1　土壤粒径的测定（吸管法）

2.5.1.1　方法原理

土壤基质是由不同比例、粒径粗细不一、形状和组成各异的颗粒（土粒）组成的，一般分为砾、砂、粉粒和黏粒四级。粒径分析是为了测定不同直径土壤颗粒的组成，进而确定土壤的质地。土壤颗粒组成在土壤形成和土壤的农业利用中具有重要意义，土壤质地直接影响土壤水、肥、气、热的保持和运动，并与作物的生长发育有密切的关系。用吸管法测定颗粒组成（粒径分布），方法由筛分和静水沉降结合组成，通过 2mm 筛孔的土样经化学和物理方法处理成悬浮液定容后，根据司笃克斯（Stokes）定律及土粒在静水中的沉降规律，大于 0.25mm 的各级颗粒由一定孔径的筛子筛分，小于 0.25mm 的粒级颗粒则用吸管从其中吸取一定量的各级颗粒，烘干称量，计算各级颗粒含量的百分数，确定土壤的颗粒组成（粒径分布）和土壤质地名称。

2.5.1.2　实验试剂

① 0.5 mol · L^{-1}氢氧化钠溶液（酸性土壤）：20g 氢氧化钠，加水溶解后稀释至 1L。

② 0.5 mol·L^{-1}六偏磷酸钠溶液（石灰性土壤）：51g 六偏磷酸钠溶于水，加水稀释至 1L。

③ 0.5 mol·L^{-1}草酸钠溶液（中性）：33.5g 草酸钠溶于水，加水稀释至 1L。

④ 异戊醇。

2.5.1.3 仪器设备

① 移液枪；

② 搅拌棒，下端装上带孔铜片或厚胶版；

③ 沉降筒，即 1L 量筒；

④ 土壤筛（孔径分别为 1，0.5mm），洗筛（直径 6cm，孔径为 0.5，0.25mm）；

⑤ 锥形瓶（500mL），漏斗（直径 7cm）；

⑥ 天平（测量精度 0.0001g）；

⑦ 烘干箱，真空干燥器，漏斗架。

2.5.1.4 操作步骤

（1）样品处理。

称取通过 2mm 筛孔的 10g（精确至 0.001g）风干土样 1 份，测定吸湿水含量，另称 3 份，其中一份测定洗失量（指需要去除有机质或碳酸盐的样品），另外两份作制备颗粒分析悬液用。

去除有机质：对于含大量有机质又需去除的样品，则用过氧化氢去除有机质。其方法是：将上述三份样品，分别移入 250mL 高型烧杯中，加去离子水约 20mL，使样品湿润；然后加 6%的过氧化氢，其用量（20～50mL）视有机质多少而定，并经常用玻璃棒搅拌，使有机质和过氧化氢接触，以利氧化。当过氧化氢强烈氧化有机质时，会产生大量气泡，使样品溢出容器，需滴加异戊醇消泡，以避免样品损失。当剧烈反应结束后，若土色变淡即表示有机物基本上完全分解，若发现未完全分解，可追加 H_2O_2。剧烈反应后，在水浴锅上加热 2h 去除多余的 H_2O_2。去除有机质完毕后，其中一份样品洗入已知质量的烧杯中，放在电热板上蒸干后再放入烘干箱，在 105～110℃下烘干 6h，取出置于干燥器内冷却、称重，计算洗失量。

（2）制备悬液。

将上述处理后的另两份样品，分别洗入 500mL 锥形瓶中，（根据土壤 pH 值）加入 10mL 0.5mol·L⁻¹氢氧化钠，并加去离子水至 250mL，充分摇匀，盖上小漏斗，于电热板上煮沸。煮沸过程中需经常摇动锥形瓶，以防土粒沉积瓶底结成硬块。煮沸后需保持 1h，使样品充分分散。

土壤颗粒分级标准按表 2-5-1，大于 0.25mm 粒级颗粒用筛分法测定，小于 0.25mm 颗粒用静水沉降法测定。

表 2-5-1　　　　　　　　　土壤颗粒分级标准（美国制）

颗粒直径/mm	颗粒分级命名	颗粒直径/mm	颗粒分级命名
2.0~1.0	极粗砂粒	0.1~0.05	极细砂粒
1.0~0.5	粗砂粒	0.05~0.002	粉粒
0.5~0.25	中砂粒	<0.002	黏粒
0.25~0.1	细砂粒		

在 1L 量筒上放一大漏斗，将孔径 0.25mm 洗筛放在大漏斗内。待悬浮液冷却后，充分摇动锥形瓶中的悬浮液，通过 0.25mm 洗筛，用水洗入量筒中。留在锥形瓶内的土粒，用水全部洗入洗筛内，洗筛内的土粒用橡皮头玻璃棒轻轻地洗擦并用水冲洗，直到滤下的水不再混浊为止。同时，应注意勿使量筒内的悬浮液体积超过 1L，最后将量筒内的悬浮液用水加至 1L。

将盛有悬浮液的 1L 量筒放在温度变化较小的平稳试验台上，避免振动，避免阳光直接照射。

将留在洗筛内的砂粒洗入已知质量的 50mL 烧杯（精确至 0.001g）中，烧杯置于低温电热板上蒸去大部分水分，然后放入烘干箱中，于 105℃烘干 6h，再在干燥器中冷却后称至恒重（精确至 0.001g）。将 0.25mm 以上的砂粒，通过 1mm 和 0.5mm 的土壤筛，并将分级出来的砂粒分别放入烘干箱中，在 105℃烘干 2h，再在干燥器中冷却后称至恒量（精确至 0.001g）。

同时，取温度计悬挂在盛有 1L 水的 1L 量筒中，并将量筒与待测悬浮液量筒放在一起，记录水温（℃），即代表悬浮液的温度。

（3）样品悬液吸取。

测定悬液温度后，计算各粒级在水中沉降 10cm 所需的时间，即为吸液时间。

记录开始沉降时间和各级吸液时间（见表2-5-2）。用搅拌棒搅拌悬液1min（一般速度为上下各30次），搅拌结束时即为开始沉降时间，在吸液前将吸管放于规定深度处，再按所需粒径预先计算好的吸液时间，提前5s开始吸取悬液25mL。吸取25mL约需10s。速度不可太快，以免影响颗粒沉降规律。将吸取的悬液移入有编号的已知重量的50mL烧杯中，并用去离子水洗尽吸管内壁附着的土粒。

将盛有悬液的小烧杯放在电热板上蒸干，然后放入烘干箱，在105～110℃烘6h至恒重，取出置于真空干燥器内，冷却20min后称重。

表2-5-2　　　　　　　　　　土壤颗粒分析各级土粒吸液时间表

土粒直径/mm		<0.1	<0.05	<0.02	<0.002
取样深度/cm		25	25	10	10
温度/℃	4	44″	2′54″	7′15″	12h05′17″
	5	42″	2′50″	7′02″	11h43′04″
	6	41″	2′44″	6′49″	11h21′17″
	7	40″	2′39″	6′37″	11h00′17″
	8	39″	2′34″	6′25″	10h41′17″
	9	37″	2′30″	6′14″	10h22′17″
	10	36″	2′25″	6′03″	10h05′17″
	11	35″	2′21″	5′53″	9h48′17″
	12	34″	2′17″	5′43″	9h32′17″
	13	33″	2′14″	5′34″	9h16′17″
	14	33″	2′10″	5′25″	9h02′17″
	15	32″	2′07″	5′17″	8h47′17″
	16	31″	2′04″	5′09″	8h34′17″
	17	30″	2′00″	5′01″	8h21′17″
	18	29″	1′57″	4′53″	8h08′17″
	19	29″	1′55″	4′46″	7h56′17″
	20	28″	1′52″	4′39″	7h45′17″
	21	27″	1′49″	4′32″	7h34′17″
	22	27″	1′47″	4′26″	7h23′17″

续表 2-5-2

土粒直径/mm		<0.1	<0.05	<0.02	<0.002
取样深度/cm		25	25	10	10
温 度 / ℃	23	26″	1′44″	4′20″	7h13′17″
	24	25″	1′42″	4′14″	7h03′17″
	25	25″	1′39″	4′08″	6h53′17″
	26	24″	1′37″	4′03″	6h44′17″
	27	24″	1′35″	3′57″	6h35′17″
	28	23″	1′33″	3′52″	6h26′17″
	29	23″	1′31″	3′47″	6h18′17″
	30	22″	1′29″	3′42″	6h10′17″

* （土粒密度：2.65，h 代表时，′代表分，″代表秒）

土壤粒径的分析流程如图 2-5-1 所示。

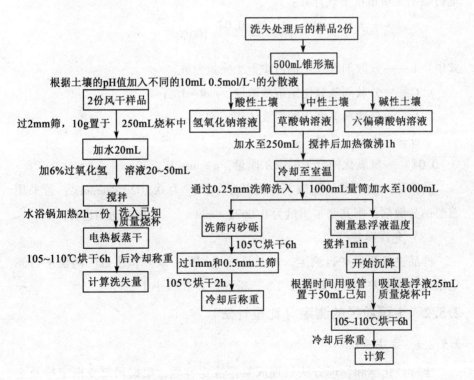

图 2-5-1　土壤粒径分析流程图（吸管法）

2.5.1.5　结果计算

（1）小于某粒径颗粒质量分数的计算。

$$x = \frac{g_1}{g} \times \frac{1000}{v} \times 100\%$$

式中：x——小于某粒径颗粒质量分数，%；

g_1——25mL 吸液中小于某粒径颗粒的质量，g；

g——分析样品的烘干质量，g；

v——吸管容积，mL。

（2）分散剂质量校正。

加入的分散剂在计算时必须予以校正。各粒级质量分数（%）是由小于某粒级质量分数（%）依次相减而得。由于小于某粒级质量分数中都包含着等量的分散剂，实际上在依次相减时已将分散剂量扣除，分散剂量（%）只需在最后一级黏粒（小于 0.002mm）质量分数（%）中减去。分散剂占烘干土质量按下式计算：

$$A = \frac{C \times V \times 0.04}{m} \times 100\%$$

式中：A——分散剂氢氧化钠占烘干土质量分数，%；

C——分散剂氢氧化钠溶液浓度，$mol \cdot L^{-1}$；

V——分散剂氢氧化钠溶液体积，mL；

m——烘干土质量，g；

0.04——氢氧化钠分子的摩尔质量，$g \cdot mmol^{-1}$。

若采用六偏磷酸钠分散剂，则其摩尔质量为 $0.102g \cdot mmol^{-1}$；若采用草酸钠分散剂，则其摩尔质量为 $0.067g \cdot mmol^{-1}$。计算时适当选择。

（3）允许误差。

样品进行两份平行测定，取其算术平均值，取一位小数。两份平行测定结果允许误差为黏粒级小于1%，粉（砂）粒级小于2%。

2.5.2　土壤粒径的测定（比重计法）

2.5.2.1　方法原理

土样经化学和物理方法处理成悬浮液定容后，根据司笃克斯定律及土壤比重计浮泡在悬浮液中所处的平均有效深度，静置不同时间后，用土壤比重计直接读出每升悬浮液中所含各级颗粒的质量，计算其百分含量，并定出土壤质地名称。比重计法操作较简便，但精度较差，可根据需要选择使用。

2.5.2.2　实验试剂

①0.5 mol·L^{-1}氢氧化钠溶液（适用于酸性土壤）：20g 氢氧化钠，加水溶解后稀释至 1L。

②0.5 mol·L^{-1}六偏磷酸钠溶液（适用于碱性土壤）：51g 六偏磷酸钠溶于水，再加水稀释至 1L。

③0.5 mol·L^{-1}草酸钠溶液（适用于中性土壤）：33.5g 草酸钠溶于水，再加水稀释至 1L。

2.5.2.3　仪器设备

搅拌棒、土壤比重计（称甲种比重计或鲍氏比重计，刻度 0~60 g·L^{-1}）、量筒（1000mL）、锥形瓶（500mL）、烧杯（50mL）、洗筛（直径 6cm、孔径 0.25mm）。

2.5.2.4　操作步骤

①称取通过 2mm 筛孔的 10g（精确至 0.001g）风干土样置于已知质量的 50mL 烧杯（精确至 0.001g），放入烘干箱在 105℃烘 6h，再在干燥器中冷却后称至恒量（精确至 0.001g），计算土壤水分换算系数。

②称取通过 2mm 筛孔的 50g（精确至 0.01g）风干土样置于 500mL 锥形瓶中（见图 2-5-2）。

图 2-5-2　操作步骤（一）

③分散土样。根据土壤的 pH 值，于锥形瓶中加入 50mL 0.5 mol·L⁻¹氢氧化钠溶液（酸性土壤）、50mL 0.5 mol·L⁻¹六偏磷酸钠溶液（碱性土壤）或 50mL 0.5 mol·L⁻¹草酸钠溶液（中性土壤），然后加水使悬浮液体积达到 230mL 左右，用玻璃棒充分搅匀。置于电热板上加热微沸 1h，并经常摇动锥形瓶，以防止土粒在瓶底沉积成硬块（见图 2-5-3）。

图 2-5-3　操作步骤（二）

④悬浮液制备。在 1L 量筒上放一大漏斗，将 0.25mm 孔径的洗筛放在大漏斗内。待悬浮液冷却后充分摇动锥形瓶中的悬浮液，通过 0.25mm 洗筛，用水洗入量筒中。留在锥形瓶内的土粒用水全部洗入洗筛内，洗筛内的土粒用橡皮头玻璃棒轻轻地洗擦并用水冲洗，直到滤下的水不再混浊为止。同时应注意勿使量筒内的悬浮液体积超过 1L。最后将量筒内的悬浮液用水加至 1L。将盛有悬浮液的 1L 量筒放在温度变化较小的平稳试验台上，避免振动和阳光直接照射。将留在洗筛内的砂粒（2~0.25mm）用水洗入已知质量的 50mL 烧杯（精确至 0.001g）中，烧杯置于低温电热板上蒸去大部分水分，然后放入烘干箱中，于 105℃烘 6h 再在干燥器中冷却后称至恒重（精确至 0.001g）。

⑤测定悬浮液温度。取温度计悬挂在盛有 1L 水的 1L 量筒中，并将量筒与待测悬浮液量筒放在一起，记录水温（℃），即代表悬浮液的温度。

⑥悬浮液比重测定。用搅拌棒垂直搅拌悬浮液 1min（上下各 30 次），搅拌时搅拌棒的多孔片不要提出液面，以免产生泡沫。搅拌完毕的时间即为开始静置的时间（有机质含量较多的悬浮液，搅拌时会产生泡沫，影响比重计读数，因此在放比重计之前，可在悬浮液面上加几滴乙醇）。测定小于 0.05mm 粒级的比重计读数，在搅拌完毕静置 1min 后放入土壤比重计；

测定小于 0.02mm 粒级，搅拌完毕静置 5min 后放入土壤比重计；测定小于 0.002mm 粒级，搅拌完静置 8h 后放入土壤比重计。

图 2-5-4　操作步骤（三）

⑦计算与液面相平的标度读数。查土壤比重计温度校正表（见表 2-5-3）。得到土壤比重计校正后读数。

表 2-5-3　　　　　　　　　　土壤比重计校正表

温度/℃	校正值	温度/℃	校正值	温度/℃	校正值
6.0	−2.2	15.5	−1.1	20.5	+0.2
8.0	−2.1	16.0	−1.0	21.0	+0.3
10.0	−2.0	16.5	−0.9	21.5	+0.5
11.0	−1.9	17.0	−0.8	22.0	+0.6
11.5	−1.8	17.0	−0.8	22.5	+0.8
12.5	−1.7	17.5	−0.7	23.0	+0.9
13.0	−1.6	18.0	−0.5	23.5	+1.1
13.5	−1.5	18.5	−0.4	24.0	+1.3
14.0	−1.4	19.0	−0.3	24.5	+1.5
14.5	−1.3	19.5	−0.1	24.5	+1.5
15.0	−1.2	20.0	0	25.0	+1.7

续表 2-5-3

温度/℃	校正值	温度/℃	校正值	温度/℃	校正值
25.5	+1.9	28.0	+2.9	30.5	+3.8
26.0	+2.1	28.5	+3.1	31.0	+4.0
26.5	+2.3	29.0	+3.3	31.5	+4.2
27.0	+2.5	29.5	+3.5	32.0	+4.6
27.5	+2.7	30.0	+3.7	32.0	+4.6

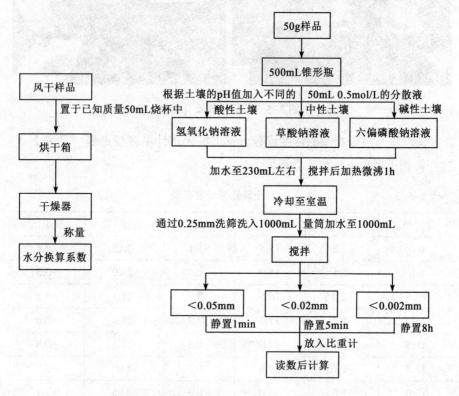

图 2-5-5　土壤粒径分析流程图(比重计法)

2.5.2.5　结果计算

(1)土壤水分换算系数按如下公式计算。

$$K = \frac{m}{m_1}$$

式中:K ——水分换算系数;

m——烘干土质量,g;

m_1——风干土质量,g。

$$烘干土质量(g) = 风干土质量(g) \times K$$

（2）各粒级含量按下式计算。

$$2.0 \sim 0.25mm \ 粒级质量分数（\%）= \frac{m_2}{m} \times 100\%$$

$$0.05mm \ 粒级以下，小于某粒级质量分数（\%）= \frac{m_3}{m} \times 100\%$$

式中：m_2——2.0~0.25mm 级烘干土质量，g；

m_3——小于某粒级的土壤质量分数计校正后读数；

m ——烘干土质量，g。

（3）分散剂质量校正。

$$A = \frac{V \times C \times 0.04}{m} \times 100\%$$

式中：A ——分散剂氢氧化钠占烘干土质量分数,%；

C ——分散剂氢氧化钠溶液浓度，$mol \cdot L^{-1}$；

V ——分散剂氢氧化钠溶液体积，mL；

m ——烘干土质量，g；

0.04——氢氧化钠分子的摩尔质量，$g \cdot mmol^{-1}$。

若采用六偏磷酸钠分散剂，则其摩尔质量为 $0.102g \cdot mmol^{-1}$；若采用草酸钠分散剂则其摩尔质量为 $0.067g \cdot mmol^{-1}$。计算时适当选择。

（4）各粒级质量分数（%）计算公式。

黏粒（小于 0.002mm）粒级质量分数（%）= 小于 0.002mm 粒级质量分数（%）

粉（砂）粒（0.02~0.002mm）粒级质量分数（%）= 小于 0.02mm 粒级质量分数（%）-小于 0.002mm 粒级质量分数（%）

粉（砂）粒（0.05~0.02mm）粒级质量分数（%）= 小于 0.05mm 粒级质量分数（%）-小于 0.02mm 粒级质量分数（%）

细砂+极细砂（0.25~0.05mm）粒级质量分数（%）= 100-［2.0~0.25mm 粒级质量分数（%）+0.05~0.02mm 粒级质量分数（%）+0.02~0.002mm 粒级质量分数（%）+小于 0.002mm 粒级质量分数（%）］

砂粒（2.0~0.05mm）粒级质量分数（%）= 2.0~0.25mm 粒级质量分数（%）+0.25~0.05mm 粒级质量分数（%）

砂粒（2.0~0.02mm）粒级质量分数（%）= 2.0~0.05mm 粒级质量分数（%）+0.05~0.02mm 粒级质量分数（%）

（5）土壤质地分类。

表 2-5-4　　　　　　　　　国际制土壤质地分类标准

质地分类		所含各级土粒（质量分数/%）		
类别	名称	黏粒 （小于 0.002mm）	粉砂粒 （0.02~0.002mm）	砂粒 （2.0~0.02mm）
砂土	砂土及砂质壤土	0~15	0~15	85~100
	砂质壤土	0~15	0~45	55~85
壤土	壤土	0~15	30~45	40~55
	粉砂质壤土	0~15	45~100	0~55
	砂质黏壤土	15~25	0~30	55~85
黏壤土	黏壤土	15~25	20~45	30~55
	粉砂质黏壤土	15~25	45~85	0~40
	砂质黏土	25~45	0~20	55~75
	壤质黏土	25~45	0~45	10~55
黏土	粉砂质黏土	25~45	45~75	0~30
	黏土	45~65	0~35	0~55
	重黏土	65~100	0~35	0~35

（6）允许误差。

样品进行两份平行测定，取其算术平均值，取一位小数。两份平行测定结果允许差为黏粒级小于3%粉（砂）粒级小于4%。

2.6　手动团聚体分级

采用湿筛法获得大团聚体（大于 2000μm）、小团聚体（250~2000μm）、微团聚体（53~250μm）和粉粒+黏粒（小于53μm）。

2.6.1　仪器设备

滤纸、土壤筛一套、天平、浅盆。

2.6.2 操作步骤

取过 5mm 土筛的风干土样 100g，放置在过滤纸上，加去离子水在室温下湿润过夜，通过毛管力作用使土壤水分含量达到田间持水量+5%（土壤含水量达到田间持水量的 1.05 倍），将土样转移到孔径最大的土筛（孔径 2mm）上，放入盛水浅盘中，放置 5min，然后在 2min 之内上下垂直移动土筛 50 次，留在土筛上的部分转移到铝盒或瓷盘中，在通风烘干箱中 50℃通风干燥过夜（用作分析土壤化学性质）；转移到干燥瓶或自封袋，冷冻干燥（用于分析土壤物理结构）。过筛的土壤悬浮液转移到较细的相邻孔径土筛上，重复上述操作。小于 53μmm 的组分在 2500g 下离心 10min，将沉淀物冲洗到蒸发皿中，50℃通风干燥过夜，干燥的颗粒组分称重，室温保存。

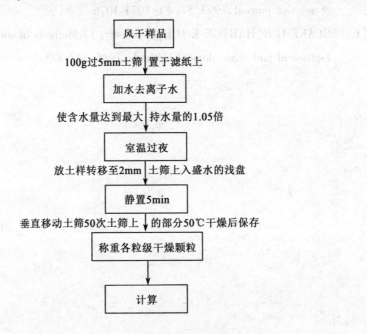

图 2-6-1 土壤团聚体分析流程图

2.6.3 结果计算

$$各级团聚体质量分数 = \frac{各级团聚体的烘干重（g）}{烘干样品重（g）} \times 100\%$$

本章参考文献

[1] 李强,文唤成,胡彩荣.土壤 pH 值的测定国际国内方法差异研究[J].土壤,2007,39(3):488-491.

[2] 张学礼,胡振琪,初士立.土壤含水量测定方法研究进展[J].土壤通报,2005,36(1):118-123.

[3] 袁娜娜.室内环刀法测定土壤田间持水量[J].中国新技术新产品,2014(9):184.

[4] 鲁如坤.土壤农业化学分析方法[M].北京:中国农业科技出版社,2000.

[5] CAMBARDELLA C A,ELLIOTT E T.Carbon and Nitrogen distribution in aggregates from cultivated and native grassland soils[J].Soil science society of america journal,1993,57(4):1071-1076.

[6] BLAKE G R,HARTGE K H.Bulk density[J].Methods of soil analysis:Part 1-physical and mineralogical methods,1986:363-375.

第 3 章　土壤碳分析

3.1　有机质

3.1.1　有机质的测定（干烧法）

3.1.1.1　仪器设备

天平、坩埚、坩埚钳、烘干箱、干燥器、马弗炉。

3.1.1.2　操作步骤

① 取试样约 20g 置于干燥箱中，烘干试样。烘干后将试样放于干燥器内冷却并保存好。

② 称取烘干后的试样 3.000~5.000g 于已知质量的瓷坩埚中，再将坩埚放入高温炉内，在炉温 550℃下烧灼 1h，取出稍冷，盖上坩埚盖，放入干燥器内，冷却至室温，称量，如此重复烧灼、冷却、称量，直至恒量（最后相邻两次称量相差不大于 0.005g）。称量精确至 0.001g。

3.1.1.3　结果计算

$$Q = \frac{m_1 - m_2}{m_1 - m_3} \times 100\%$$

式中：Q ——灼失量（%），计算至 0.1%；

$\quad\quad m_1$ ——在 65~70℃烘干试样加坩埚质量，g；

$\quad\quad m_2$ ——在 550℃烧灼试样加坩埚质量，g；

$\quad\quad m_3$ ——坩埚质量，g。

3.1.2 有机质的测定（湿烧法）

3.1.2.1 仪器设备

0.25mm 筛、三角瓶、冷凝管。

3.1.2.2 操作步骤

① 准确称取经过 0.25mm 筛的 0.2g 风干土样，然后将其倒入 150mL 三角瓶中，加入 5mL 的 0.8 mol·L^{-1}（1/6 $K_2Cr_2O_7$），然后加入 5mL 浓硫酸，摇匀，在试管口放一个冷凝管，用来冷凝蒸出的水蒸气。

② 首先将土样放入温度调为 185℃ 的环境中加热，然后使其在 170~180℃ 的环境下沸腾持续 5min。

③ 拿出三角瓶，待三角瓶冷却后（1h 左右）用蒸馏水冲洗附着物品，使清洗液在 50mL 以内，然后用滴定管加 3 滴邻啡罗林指示剂，用 0.1 mol·L^{-1}FeSO$_4$滴定，被滴定液的颜色的变化由黄色变为绿色，再瞬间突变到棕红色，这时即为滴定终点。

④ 测定每批样品时，以灼烧过的土壤代替土样做两个空白试验。

注：若在测定样本时所用的 FeSO$_4$量不足空白对照的三分之一时，应减少样本质量重新对实验样本进行测定。

3.1.2.3 结果计算

有机质含量计算公式：

$$OM（\%）= \frac{\dfrac{0.8000 \times 5.00}{V_0}（V_0 - V）\times 0.003 \times 1.724 \times 1.1}{M（烘干土质量）} \times 100\%$$

式中：V_0——滴定空白的实验对照时所消耗 FeSO$_4$量，mL；

V——滴定每个土壤样品所消耗 FeSO$_4$量，mL；

5.00——消耗 $K_2Cr_2O_7$，mL；

0.8000——1/6 $K_2Cr_2O_7$标准溶液的浓度，mol·L^{-1}；

0.003——1/4 碳毫摩尔质量，kg·mol^{-1}；

1.724——有机碳与有机质的转换系数；

1.1——校正系数；

m——烘干土质量，g。

3.2 碳

3.2.1 总（有机）碳

3.2.1.1 元素分析仪法

（1）方法原理。

元素分析仪采用催化燃烧氧化法。在石英燃烧管中填充氧化钨等催化剂，以氦气作为载气，土壤样品在高温和高浓度的氧、氦气流中氧化分解，生成混合气体由氦气带入各吸附系统，使用热导检测仪对相应气体进行检测；碳转化为 CO_2 通过被特殊的装置吸附或解吸附柱彼此分离而被热导检测系统自动测定，由检测器输出信号并存储在计算机中。随后，根据样品的质量和存储的校正曲线形成的检测信号，仪器给出元素的百分比含量，最后计算得到土壤总碳含量。

（2）操作步骤。

准确称取约 20.000mg（精确至 0.001mg，根据样品含碳量可适当调整）土壤样品于锡箔杯中，紧密包裹后放入燃烧炉中进样，得出数据。

校准曲绘制：分别称取 0.0、0.4、0.8、1.2、1.6、2.0mg 标准物，放于锡箔杯中，紧密包裹后，称重，放入仪器自动进样盘中进样。标准物碳含量与仪器测定的积分面积间进行线性相关，制作校准曲线（见图 3-2-1）。

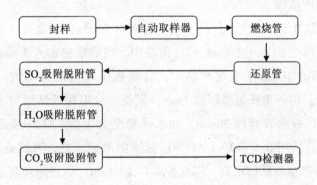

图 3-2-1 操作流程

3.2.1.2 重铬酸钾法

（1）方法原理。

稀释热法（水合热法）是利用浓硫酸和重铬酸钾迅速混合时所产生的

热来氧化有机质，以代替外加热法中的油浴加热，操作更加方便。由于产生的热温度较低，对有机质氧化程度较低，只有77%。

（2）实验试剂。

① 1 mol·L^{-1}（1/6K$_2$Cr$_2$O$_7$）溶液：准确称取 K$_2$Cr$_2$O$_7$（分析纯，105℃烘干）49.04g，溶于水中，稀释至1L。

② 0.4 mol·L^{-1}（1/6K$_2$Cr$_2$O$_7$）的基准溶液：准确称取 K$_2$Cr$_2$O$_7$（分析纯，130℃烘干3h）19.6132g 于 250mL 烧杯中，以少量水溶解，全部洗入1000mL 容量瓶中，加入浓 H$_2$SO$_4$ 约70mL，冷却后用水定容至刻度，充分摇匀备用［其中含硫酸浓度约为 2.5 mol·L^{-1}（1/2H$_2$SO$_4$）］。

③ 0.5 mol·L^{-1} FeSO$_4$ 溶液：称取 FeSO$_4$·7H$_2$O 140g 溶于水中，加入浓 H$_2$SO$_4$ 15mL，冷却稀释至1L 或称取 Fe(NH$_4$)$_2$(SO$_4$)$_2$·6H$_2$O 196.1g 溶解于含有200mL浓 H$_2$SO$_4$ 的800mL 水中，稀释至1L。此溶液的准确浓度以0.4 mol·L^{-1}（1/6K$_2$Cr$_2$O$_7$）的基准溶液标定。即准确分别吸取3份 0.4 mol·L^{-1}（1/6K$_2$Cr$_2$O$_7$）的基准溶液各25mL 于150mL 三角瓶中，加入邻啡罗啉指示剂 2~3 滴（或加 2-羧基代二苯胺 12~15 滴），然后用0.5 mol·L^{-1}FeSO$_4$溶液滴定至终点，并计算出准确的 FeSO$_4$ 浓度。硫酸亚铁（FeSO$_4$）溶液在空气中易被氧化，需新鲜配制或以标准的 K$_2$Cr$_2$O$_7$ 溶液每天标定之。

（3）操作步骤。

准确称取 0.5000g 土壤样品（注：泥碳称0.05g，土壤有机质含量低于10g·kg^{-1}者称2.0g）于500mL 的三角瓶中，然后准确加入 1 mol·L^{-1}（1/6K$_2$Cr$_2$O$_7$）溶液10mL 于土壤样品中，转动瓶子使之混合均匀；然后加浓H$_2$SO$_4$ 20mL，将三角瓶缓缓转动1min，促使混合以保证试剂与土壤充分作用，并在石棉板上放置约30min，加水稀释至250mL，加 2-羧基代二苯胺12~15 滴；然后用 0.5 mol·L^{-1}FeSO$_4$ 标准溶液滴定之，其终点为灰绿色。或加3~4滴邻啡罗啉指示剂，用 0.5 mol·L^{-1}FeSO$_4$ 标准溶液滴定至近终点时溶液颜色由绿变成暗绿色，逐渐加入 FeSO$_4$ 直至生成砖红色为止。用同样的方法做空白测定（即不加土样）。如果 K$_2$Cr$_2$O$_7$ 被还原的量超过75%，则须用更少的土壤重做。

（4）结果计算。

$$SOC = \frac{c(V_0 - V) \times 10^{-3} \times 3.0 \times 1.33}{m} \times 1000$$

$$SOM = SOC \times 1.724$$

式中：SOC——土壤有机碳，$g \cdot kg^{-1}$；

　　　SOM——土壤有机质，$g \cdot kg^{-1}$；

　　　c——0.5 mol/L，$FeSO_4$ 的标准溶液的浓度；

　　　V_0——空白滴定用去 $FeSO_4$ 的体积，mL；

　　　V——样品滴定用去 $FeSO_4$ 的体积，mL；

　　　10^{-3}——体积转换系数；

　　　3.0——1/4 碳原子的摩尔质量，$g \cdot mol^{-1}$；

　　　1.33——氧化校正系数；

　　　m——烘干土重，g。

3.2.2　水溶性（可溶性）有机碳

3.2.2.1　冷水（常温）

（1）仪器设备。

三角瓶、往复式振荡机、离心机、TOC 分析仪。

（2）操作步骤。

过 2mm 筛的新鲜土壤 10.0g 加入 25mL 去离子水，往复式振荡机上振荡 30min，振荡频率为 300 次·分钟$^{-1}$，之后离心 20min，转速 4000r·min^{-1}，将上清液用 0.45μm 过滤（真空抽滤器或注射器），最后滤液用 TOC 分析仪测定。

（a）称样　　　　　　　　　　　　（b）加水

（c）振荡　　　　　　　　　　　（d）离心

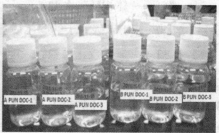

（e）过滤　　　　　　　　　　　（f）储存

图 3-2-2　实验过程图

3.2.2.2　热　水

（1）仪器设备。

比色管、烘干箱、滤膜 TOC 分析仪。

（2）操作步骤。

取过 0.25mm 筛的风干土壤 4.0g 于比色管中，加入 20mL 去离子水盖紧后在 80℃烘干箱内培养 18h，冷却后用手摇动比色管，用 0.45μm 的滤膜过滤，滤液中的碳用 TOC 分析仪进行测定，具体方法同上。

3.2.3　土壤颗粒有机碳

3.2.3.1　方法原理

土壤中颗粒有机质组分指土壤中与砂粒结合的有机质（直径 53 ~ 2000μm），并可能进一步结合在土壤大团聚体（macmaggregates）与微团聚体（micmaggregates）中。这类有机质组分主要由与砂粒结合的植物残体半分解产物组成，相对于土壤黏粒和粉粒结合的土壤有机质被认为是有机碳中的非保护性部分。

3.2.3.2　实验试剂

六偏磷酸钠溶液。

3.2.3.3　实验设备

三角瓶、往复式振荡机、土筛。

3.2.3.4　操作步骤

取过 2mm 孔径土壤筛的 20.00g 干土，加入 100mL 浓度为 $5g \cdot L^{-1}$ 的六偏磷酸钠溶液 $[(NaPO_3)_6]$，手摇 15min，在转速为 $90r \cdot min^{-1}$ 的往复式振荡机上振荡 18h，把土壤悬液过 53μm 筛，反复用去离子水冲洗，直到黏粒和粉粒完全除去。剩余组分转移到玻璃烧杯中（所有留在筛子上的物质），在 60℃下过夜烘干称量，计算这部分占整个土壤样品质量的比例。通过分析烘干样品中有机碳含量，计算颗粒有机质中的有机碳含量，再换算为单位

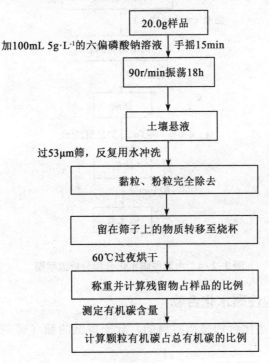

图 3-2-3　土壤颗粒有机碳分析流程图

质量土壤样品的对应组分有机碳含量。以颗粒有机质中有机碳含量值除以土壤有机碳总含量得到颗粒有机碳的百分比。

3.2.4　水溶性碳水化合物

碳水化合物是土壤中最重要、最易降解的有机成分之一，其对气候变化、耕作、生物处理等外界影响的敏感程度高于有机质总量，而且作为土壤微生物细胞所必需的组成物质和主要能源，碳水化合物与土壤微生物存在密切的关系。

按照 Grandy 等的方法测定，操作过程为：称取一定量的风干土（根据有机质含量而定）加入去离子水（水土比为 10∶1），在 85℃下培养 24h 后用孔径为 0.45μm 的玻璃纤维滤纸过滤，将滤液按照 1∶4 的比例进行稀释。然后，吸取 5mL 稀释液放入比色管中。再加入 10mL 蒽酮溶液，最后在 625nm 处进行比色测定，其含量用葡萄糖表示。

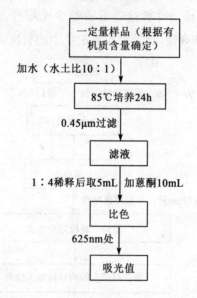

图 3-2-4　水溶性碳水化合物分析流程图

3.2.5　非结构性碳水化合物

非结构性碳水化合物是指游离的、分子量低的糖（葡萄糖、果糖和蔗糖）、淀粉。

将 10mg 粉碎的植物样品溶于 2mL 去离子水中，煮沸 30min。离心后，取

0.5mL（500μL）浸提液，加入异构酶和转化酶（蔗糖酶），将果糖和蔗糖转化为葡萄糖。总葡萄糖量用分光光度计测定。剩余的浸提液（包括糖和淀粉）用渗析的天然真菌淀粉酶在40℃下培养15h，把淀粉分解为葡萄糖。总的葡萄糖按上述方法测定。淀粉含量为其差值。

待测液制备：称取0.5~1.0g风干粉碎的样品于250mL容量瓶中，加水约150mL，然后加入CaCO₃（碳酸钙）0.5~1.5g以中和样品中的酸度（防止浸提过程中蔗糖水解），摇动1min，置于80℃水浴中浸提30min，期间摇动数次以便糖分浸提完全。冷却后，滴加中性乙酸铅溶液至产生白色絮状沉淀（2~5mL），充分摇动混合后，静置15min，再滴加几滴中性乙酸铅溶液于上清液中检查是否沉淀完全。如果还有沉淀形成，再摇动，静置，直至不产生白色絮状沉淀为止，用水稀释定容。用干滤纸过滤，加入足量的固体草酸钠（NaC₂O₄，分析纯）到滤液中，使铅沉淀完全，再用干滤纸过滤，然后加入固体草酸钠到滤液中，检查是否沉淀完全。确认无铅后，滤液待用。

中性乙酸铅溶液：100g乙酸铅［Pb（CH₃COO）₂·3H₂O，化学纯］溶于水中，过滤后稀释至1000mL。

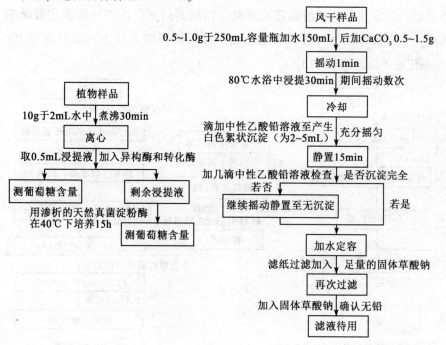

图 3-2-5　非结构性碳水化合物分析流程图

3.2.6 溶解性有机碳的生物可降解性

3.2.6.1 DOM 溶液制备

将 10g（或 40g）新鲜凋落物样品加入 200mL（或 800mL）超净去离子水（1：20），在 4℃下静置 24h 后，然后，在 8200r·min^{-1}转速下离心 40min。再过 0.45μm 滤膜，冷冻保存，取 50mL（200mL）去离子水冲洗凋落物。

3.2.6.2 DOM 培养

（1）接种液的制备。

取一定凋落物样品加入去离子水，用手剧烈摇动 5min 后，在 35℃下培养 24h。培养后摇动悬浮液，并静置 30min，然后将悬浮液转移到 30mL 的塑料瓶中，供接种用。

（2）培养。

首先将浸提液稀释到（20±5）×10^{-6}。取 150mL 浸提液到 500mL 玻璃瓶中，加入 0.1mL 的接种液。接种后的玻璃瓶加上塑料塞，记录玻璃瓶的初始重量、溶液的重量和培养瓶总重量。在培养后和每次取样前测定玻璃瓶重量，根据水分损失计算需要加水量。35℃的黑暗条件下，培养瓶在 100 r/min 转速下振荡培养 42d。

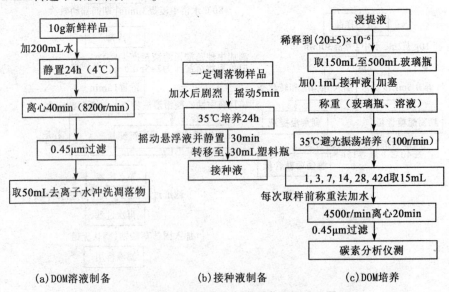

(a)DOM溶液制备   (b)接种液制备   (c)DOM培养

图 3-2-6　溶解性有机碳的生物可降解性分析流程图

（3）测定。

在 1，3，7，14，28，42d 取出 15mL 样品，在 4500r/min 下离心 20min，并过 0.45μm 滤膜达到灭菌目的，用碳素分析仪测定其浓度。

3.2.7 土壤微生物量碳——氯仿熏蒸浸提法

3.2.7.1 方法原理

氯仿熏蒸土壤时，微生物因细胞膜被氯仿破坏而死亡，微生物中部分组分成分特别是细胞质在酶的作用下自溶和转化为 K_2SO_4 溶液可提取成分。采用重铬酸钾氧化法或碳–自动分析仪器法测定提取液中的碳含量，以熏蒸与不熏蒸土壤中提取碳增量除以转换系数 K_{EC} 来估计土壤微生物碳。

3.2.7.2 实验试剂

① 无乙醇氯仿：量取 500mL 氯仿于 1000mL 的分液漏斗中，加入 50mL 硫酸溶液 [（H_2SO_4）= 5%]，充分摇匀，弃除上层硫酸溶液，如此进行 3 次。再加入 50mL 去离子水，同上摇匀，弃去上部的水分，如此进行 5 次。得到纯氯仿存放在棕色瓶中，并加入约 20g 无水 K_2CO_3，在冰箱的冷藏室中保存备用。[试剂浓硫酸（H_2SO_4）= 95%~98%，稀释 19 倍]。

② 0.5 mol·L^{-1} 硫酸钾溶液：称取硫酸钾（K_2SO_4，分析纯）87.10g，加热溶于去离子水中，稀释至 1L（需加热溶解）。

③ 0.2000 mol·L^{-1} 重铬酸钾：称取经 130℃ 烘干 2~3h 的重铬酸钾（$K_2Cr_2O_7$，分析纯）9.8110g，溶于 1L 的去离子水中。

④ 0.1000 mol·L^{-1} 重铬酸钾标准溶液：称取经 130℃ 烘干 2~3h 的重铬酸钾（$K_2Cr_2O_7$，分析纯）4.9055g，溶于 1L 的去离子水中；

⑤ 邻啡罗林指示剂：称取邻啡罗林指示剂（$C_{12}H_8N_2 \cdot H_2O$，分析纯）1.49g，溶于含有 0.70g $FeSO_4 \cdot 7H_2O$ 的 100mL 去离子水中，密闭保存于棕色瓶中。

⑥ 0.05 mol·L^{-1} 硫酸亚铁溶液：称取硫酸亚铁（$FeSO_4 \cdot 7H_2O$）约 13.9005g，溶解于 600~800mL 去离子水中，加浓硫酸（化学纯）20mL，搅拌均匀，定容至 1L，于棕色瓶中保存。此溶液不稳定，需在用时每天标定其浓度。

⑦ 硫酸亚铁溶液浓度的标定：吸取重铬酸钾标准溶液 5.00mL，放入 100mL 三角瓶中，加水约 20mL，加浓硫酸 5mL 和邻啡罗林指示剂 2 滴，用

FeSO₄溶液滴定，根据 FeSO₄溶液的消耗量即可计算 FeSO₄溶液的准确浓度。

硫酸亚铁溶液标定方法：吸取 $0.1000\ mol\cdot L^{-1}$（$1/6K_2Cr_2O_7$）标准溶液 5.0mL，放入 150mL 三角瓶中，加浓硫酸 5mL 和邻啡罗林指示剂 2 滴，用硫酸亚铁溶液滴定，滴至溶液由蓝绿色变为棕红色即为终点。根据滴到终点消耗的硫酸亚铁溶液量计算其准确浓度，即

$$C_2 = \frac{C_1 \times V_1}{V_2}$$

式中：C_1——重铬酸钾标准溶液浓度，$0.1000\ mol\cdot L^{-1}$；

C_2——硫酸亚铁标准溶液浓度，$mol\cdot L^{-1}$；

V_1——吸取的重铬酸钾标准溶液体积，5mL；

V_2——滴到终点时消耗硫酸亚铁溶液体积，mL。

3.2.7.3　仪器设备

Phoenix8000 碳－自动分析仪，$50\mu L$ 可调移液器，往复式振荡器（$300rev\cdot min^{-1}$），50mL 烧杯，50mL 聚乙烯瓶，125mL 聚乙烯瓶，150mL 消化管（24mm×295mm），250mL 三角瓶，50mL 酸式滴定管，土壤筛（孔径 2mm），22cm 真空干燥器，水泵抽真空装置，pH 自动滴定仪等。

3.2.7.4　操作步骤

（1）土样前处理。

新鲜土壤应立即处理或保存于 4℃ 冰箱中，测定前仔细除去土样中可见植物残体（如根、茎和叶）及土壤动物（蚯蚓等），过筛（孔径 2mm），彻底混匀。处理过程应尽量避免破坏土壤结构，土壤含水量过高应在室内适当风干，以手感湿润疏松但不结块为宜（约为饱和持水量的 40%）。土壤湿度达不到 40% 可以用去离子水调节至饱和持水量的 40%。此样品即可用于土壤实时测定。开展其他研究（如培养试验），可将土壤置于密闭的大塑料桶内培养 7~15d，桶内应有适量水以保持湿度，内放一小杯 $1\ mol\cdot L^{-1}$ NaOH 溶液吸收土壤呼吸产生的 CO_2，培养温度为 25℃。经过前培养的土壤应立即分析。如果需要保留，应放置于 4℃ 的冷藏箱中，下次使用前需要在上述条件下至少培养 24h。这些过程是为消除土壤水分限制对微生物的影响及植物残体组织对测定的干扰。

土壤饱和持水量测定可按 Shaw（1958 年）的方法：在圆形漏斗茎上装

一带夹子的橡皮管，漏斗内塞上玻璃纤维塞。取 50g 土壤于漏斗中，夹紧橡皮塞，加入 50mL 水保持 30min，然后打开夹子并测定 30min 内滴下的水的体积，加入的水量减去滴下的水量再加原来土壤中含的水量即为该土壤的饱和含水量。

（2）熏蒸。

称取经前处理的新鲜土壤（含水量为饱和持水量的 40%）3 份 25.0g（烘干基重）土样于 50mL 烧杯中，用去乙醇氯仿熏蒸，方法是将其置于底部有少量水（约 200mL）和去乙醇氯仿（40mL）的真空干燥器中，氯仿加入烧杯中，并在其中放入经浓硫酸处理的碎瓷片（边长约 0.5cm，防暴沸）。在−0.07MPa 真空下使氯仿剧烈沸腾 3~5min 后，关闭真空干燥器阀门，移置在 25℃黑暗条件下熏蒸土壤 24h；然后将土壤转入另一干净真空干

图 3-2-7　氯仿提纯、熏蒸

图 3-2-8　熏蒸培养

燥器中，反复抽真空（-0.07MPa）6次，每次3min，彻底除去土壤中的氯仿（残留在土壤中的氯仿对提取碳的测定有较大的影响）。

在熏蒸同时，另取3份25.0g（烘干基重）土壤于125mL提取瓶中（为不熏蒸对照）。因熏蒸过程需要24h，因此通常在熏蒸时，将不熏蒸土壤置于4℃条件下保存。

（a）提取

（b）离心、过滤

（c）储存

图3-2-9　浸提

（3）浸提。

将除去氯仿后的熏蒸土壤转移到 125mL 提取瓶中，与不熏蒸土壤同时采用 50mL 可调加液器加入 100mL 0.5 mol·L^{-1} K$_2$SO$_4$ 提取液，水土比为 1：4，并设 3 个试剂空白。如果采用重铬酸钾氧化法测定提取液中有机碳，也可采用 2：1 的水土比，即加入 50mL 0.5 mol·L^{-1} K$_2$SO$_4$ 提取液。在往复式振荡器中振荡（300rev/min）振荡 30min，再用定量中速滤纸过滤于 50mL 塑料瓶中，储藏于−18℃冷冻柜中，待测。

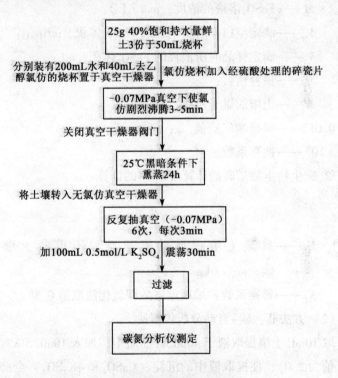

图 3-2-10　微生物量碳分析流程图

3.2.7.5　结果计算

（1）方法 I：重铬酸钾氧化法。

吸取 10mL 上述土壤提取液于经过仔细检查的 150mL 消化管（24×295mm）中，加入 5.0mL 0.2 mol·L^{-1} K$_2$Cr$_2$O$_7$，5.0mL 浓 H$_2$SO$_4$溶液，再加入少量经浓硫酸处理的碎瓷片（边长约 0.3cm，防爆沸），混匀，置于 175℃±1℃磷酸浴中煮沸 10min，应注意消煮的时间应保证准确一致。冷却后将溶液转移到 150mL 三角瓶中，使总体积约为 80mL，加入 1 滴邻啡罗林指示剂，用 0.05 mol·L⁻¹ 硫酸亚铁标准溶液滴定消煮液中剩余的重铬酸钾，滴定过程为先由橙黄色变为蓝绿色，再变为棕红色，即到达终点。

① 有机碳（O_C）的计算：

$$O_C = \frac{\frac{0.012}{4} \times 10^6 \times M \times (V_0 - V_1) \times f}{W}$$

式中：O_C——有机碳，$mgC \cdot kg^{-1}$；

    M——$FeSO_4$ 溶液的浓度，$mol \cdot L^{-1}$；

    V_0——滴定空白样时所消耗的 $FeSO_4$ 体积，mL；

    V_1——滴定样品时所消耗的 $FeSO_4$ 体积，mL；

    f——稀释倍数；

    W——土壤的烘干质量，g；

0.012——碳毫摩尔质量，g；

10⁶——换算系数。

② 微生物生物量碳的计算（B_C）的计算

$$B_C = \frac{E_C}{K_C}$$

式中：E_C——熏蒸土壤提取的有机碳 - 不熏蒸土壤提取的有机碳，$mgC \cdot kg^{-1}$；

    K_C——转换系数，采用重铬酸钾氧化法取值 0.38。

（2）方法Ⅱ：碳-自动分析仪器法。

取 10mL 土壤提取液于 40mL 样品瓶中。加入 10mL 5% 六偏磷酸钠溶液（pH 值为 2.0），使提取液中的沉淀（$CaSO_4$ 和 $4K_2SO_4$）全部溶解。再用直径为 2mm 的细管向样液中通入高纯度氮气（5~10min），以除去溶解在样液中的 CO_2，然后用 Phoenix8000 碳-自动分析仪测定，待测提取液中的有机碳在硫酸钾溶液作用下于紫外氧化室中氧化为 CO_2。该仪器可自动测定有机碳氧化放出的 CO_2 量，通过工作曲线即可计算出提取液中的碳含量。

工作曲线制备：分别吸取 0，0.5，1，2，3，4mL 浓度为 1000mgC·L⁻¹ 邻苯二甲酸钾标准溶液溶于 50mL 容量瓶中，用高纯度去离子水定容，即浓度为 0，10，20，40，60，80mgC·L⁻¹ 系列标准碳溶液。分别取不同浓度的标准溶液 10mL 于样品瓶中，加入 10mL 5% 的六偏磷酸钠溶液（pH 值为

2.0)，测定方法同土壤提取液样品。

① 有机碳（O_c）的计算：

提取液有机碳含量（$mgC \cdot kg^{-1}$）＝测定液的碳含量（$mgC \cdot L^{-1}$）×f/W

式中：f——稀释倍数；

　　　W——土壤的烘干质量，g。

② 微生物生物量碳的计算（B_c）的计算：

$$B_c = \frac{E_c}{K_c}$$

式中：E_c——熏蒸土壤提取的有机碳－不熏蒸土壤提取的有机碳，$mgC \cdot kg^{-1}$；

　　　K_c——转换系数，采用碳-自动分析仪器法取值0.45。

3.3　土壤碳库

3.3.1　土壤轻重组有机碳

3.3.1.1　方法原理

依据密度的不同，通过比重为 $1.8g \cdot mL^{-1}$ 的 NaI 溶液，将土壤有机碳分成轻组和重组有机碳。

3.3.1.2　实验试剂

碘化钠（NaI）。

3.3.1.3　仪器设备

离心管、离心机、抽滤装置、烘干箱。

3.3.1.4　操作步骤

具体步骤：取过 2mm 筛的风干土样 20g，放入 200mL 的离心试管中，加入 $1.8g \cdot mL^{-1}$ 的 NaI 溶液 100mL，用手摇动离心管，然后将离心管静置过夜。将悬浮物离心（$3500r \cdot min^{-1}$，15min）后收回（抽吸方式），再将抽吸的悬浮液倒入装有玻璃纤维滤纸（0.45μm）的滤斗中抽气过滤，将滤纸上的物质水洗到提前称重的 50mL 烧杯中。之后，再向离心管加 100mL $1.8g \cdot mL^{-1}$ 的 NaI 溶液。重复上述过程，将两次的提取物混合，静置 24h，在 60℃烘干 72h 称重，该组分即为轻组（LF）。在试管中的剩余物中加100mL去离子水，振荡20min；然后，在4000r·min⁻¹条件下离心20min，弃去上清液，重复洗涤3次；60℃下烘干至恒重后称重，该组分即为重组（HF）。各组分研磨后过0.25mm土筛，采用重铬酸钾加热法测定各组分的总有机碳含量。

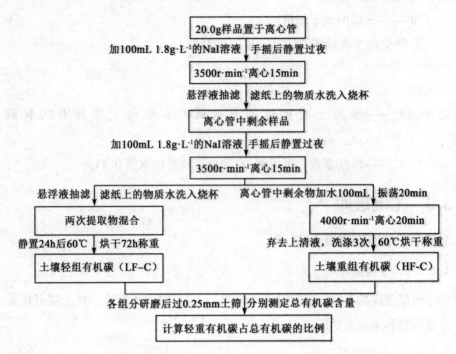

图3-3-1　土壤轻重组有机质分析流程图

3.3.2　土壤活性有机碳——两步酸水解法

3.3.2.1　实验试剂

硫酸。

3.3.2.2　实验设备

离心管、烘干箱、坩埚。

3.3.2.3　操作步骤

用塑料离心管在100℃烘干箱中进行消解：离心管先称干重，加入土壤，经过2次消解，离心管带土烘干称重，进行土壤研磨，供分析其C/N含量。注意：①第一次可先加硫酸再称土；②第一次的水解液用吸管吸出，不可倒出（以免土壤流失）。

按照 Rovira 和 Vallejo（2002）的酸水解法测定土壤有机碳生化特征，并将其区分为活性库Ⅰ（Labile Pool Ⅰ，LP Ⅰ）、活性库Ⅱ（Labile Pool Ⅱ，LP Ⅱ）以及顽固性组分（recalcitrant fraction，RF）。

具体操作过程为：将研细的土样 500mg 放入 100℃ 的沸水中水浴 30min，然后加入 2.5 mol·L⁻¹ H₂SO₄ 20mL，摇匀后加盖，放入 100℃ 的沸水中水浴 30min，取出后稍冷却即离心；离心后吸出水解液，再加入 20mL 去离子水，混匀后离心，洗液加到水解液中，这部分水解液即为活性库Ⅰ（LP Ⅰ）。试管中没水解的剩余物于 60℃ 烘干，加 2mL 13 mol·L⁻¹ H₂SO₄，振荡过夜；然后，加水稀释该酸到 1 mol·L⁻¹，在 100℃ 的沸水中放置 3h，依上述方法收回水解液，这部分水解液即为活性库Ⅱ（LP Ⅱ）。之后，将试管中剩余的土样转移到提前称重的坩埚中，60℃ 下烘干至恒重，这部分即为顽固性组分（RF）。该组分被研磨后过 0.25mm 土筛，采用重铬酸钾加热法测定各组分的总有机碳含量，并通过下式计算顽固性碳指数（Recalcitrant Index，RI_c）：

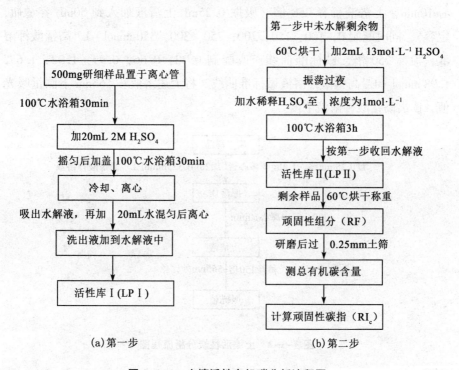

（a）第一步　　　　　　　　（b）第二步

图 3-3-2　土壤活性有机碳分析流程图

$$RI_c = \frac{顽固性碳含量}{总有机碳含量} \times 100\%$$

用苯酚法-硫酸法测定 LPⅠ和 LPⅡ的总碳水化合物含量，LPⅠ+LPⅡ为该组分的总碳水化合物含量，为获得碳水化合物-碳含量和避免 Fe^{3+} 的干扰，水解液先用无水 Na_2CO_3 中和，再通过离心沉淀氧化铁。

3.3.3 土壤活性碳、非活性碳、碳库活度、碳库指数

3.3.3.1 实验试剂

高锰酸钾。

3.3.3.2 实验设备

离心管、离心机、容量瓶、紫外分光光度计。

3.3.3.3 操作步骤

将土壤样品风干，过 0.25mm 筛，称取 1.5g 至离心管中。加入 20mL 333 mmol·L^{-1} 高锰酸钾溶液，同时做空白，振荡 1h 4000r·min^{-1} 下离心 10min，上清液稀释 250 倍（吸取 0.25mL 上清液加入到 50mL 容量瓶，定容），同时配制 0，100，150，200，250，300，350 mmol·L^{-1} 高锰酸钾溶液，稀释 250 倍，做标准曲线；或配制 0.33，0.66，0.99，1.32，1.65，1.98 mmol·L^{-1} 高锰酸钾溶液做标准曲线。将上述溶液在 565nm 下测量吸光值，读出高锰酸钾溶液浓度。

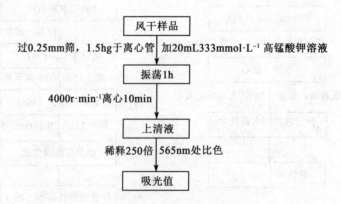

图 3-3-3 土壤活性炭分析流程图

3.3.3.4 结果计算

$$C_{\mathrm{L}}\left(\mathrm{mgC\cdot kg^{-1}}\right) = \frac{\left(空白浓度-测定浓度\right)\times 9000\times V_{\mathrm{KMnO_4}}}{W_{\mathrm{soil}}\times ts}$$

$$碳库活度\left(L\right) = \frac{C_{\mathrm{L}}}{C_{\mathrm{NL}}}$$

$$碳库指数\left(CPI\right) = \frac{样品\ C_{\mathrm{T}}}{参照土\ C_{\mathrm{T}}}$$

$$碳库活度指数\left(LI\right) = \frac{样品\ L\ 值}{参照土壤\ L\ 值}$$

$$碳库管理指数\left(CMI\right) = CPI\times LI\times 100$$

式中：C_{L}——活性碳；

C_{NL}——非活性碳，即总碳-活性碳（$C_{\mathrm{T}}-C_{\mathrm{L}}$）；

ts ——分取倍数（50/0.25）；

C_{T}——总碳。

注意：① 参照土壤一般指受干扰较少的土壤。例如，研究阔叶林、杉木纯林和混交林，一般设定常绿阔叶林土壤为参照土壤。

② 高锰酸钾溶液的配制方法：称取所需量的高锰酸钾，加入去离子水搅拌均匀，加热煮沸，放置过夜。用加热煮沸后冷却的去离子水定容，然后抽滤过 0.8μm 滤膜，放入棕色瓶中保存（做标准曲线用的高锰酸钾溶液需现配现用）。

③ 高锰酸钾与碳之间的换算：1mmol 高锰酸钾反应减少 9g 碳。

3.4 土壤呼吸速率

3.4.1 静态碱液吸收

3.4.1.1 实验试剂

① 0.1 mol·L^{-1} NaOH；

② 0.1 mol·L^{-1} 标准 HCl；

③ 0.5 mol·L^{-1} BaCl$_2$ 溶液；

④ 酚酞指示剂。

3.4.1.2 仪器设备

滴定仪（德国布莱恩）、三角瓶。

3.4.1.3 操作步骤

称取 100g 鲜土，放入 250mL 三角瓶底部，铺平。吸取 5mL NaOH 于 10mL 容量瓶中，将此容量瓶置于三角瓶待测土样上，塑料薄膜密封后放入培养箱中进行培养（28℃，无光照，培养 24h）。待培养结束后，取出三角瓶中的容量瓶，转移至 50mL 小烧杯中，立即加入 BaCl$_2$ 溶液 2mL，酚酞指示剂 2 滴，用标准酸滴定至红色消失。记录所消耗 HCl 的体积。

图 3-4-1 培养装置

3.4.1.4 结果计算

$$R_s = \frac{(V_0 - V_1) \times 2.2}{W_s \times t}$$

式中：V_0——中和对照处理中碱液所消耗酸的体积，mL；

V_1——中和土壤呼吸处理中碱液所消耗酸的体积，mL；

2.2——转换系数；

W_s——土壤干重，g；

t——培养时间，h。

注意：① 放入碱液前需要将三角瓶内累积的二氧化碳排除，可以打开瓶塞在通风处（培养箱内有风扇也可）放置 3min，另外每个培养箱放置 6 个空白对照。

② 滴定的时间尽量控制在 1h 内，避免时间过长导致培养时间不同。碱液尽量不暴露在空气中。

标定：控制高温炉温度在 270～300℃，将灼烧至恒重的工作基准试剂——无水碳酸钠——溶于 50mL 水中，加 10 滴溴甲酚绿-甲基红，用配好的盐酸溶液滴定至溶液由绿色变为暗红色，煮沸 2min；冷却后继续滴定至溶液呈暗红色，同时做空白试验。

3.4.2　动态碱液吸收

取严格挑除植物根系和石砾过 2mm 筛的风干土 300g，于 5cm×25cm 自制聚丙烯（PPR）培养器中，培养管底部塞有带软管的硅胶塞用来通气，顶部覆盖开有小洞的 parafilm 膜用于保水透气。开始培养实验之前，通过增加去离子水，将土壤湿度调整到最大土壤持水量（WHC）的 60%。培养期间，土壤湿度通过称重监测和增加去离子水来调节含水量恒定。为了避免厌氧发生，培养过程中，通过空气泵每天向每个培养柱通入 1h 的新鲜空气。

采用自主改进的连续空气流系统（Cheng，Virginia，1993），如图3-4-2所示。在每个样品土壤呼吸测定的预定时间，培养箱中的培养柱被迅速转移到水浴中（水浴温度与培养箱温度对应）。在浸入水中之前，先将培养柱两端安装带有塑料软管的硅胶塞，然后每个密封的培养柱通无二氧化碳的空气 1h，并用微量调节阀调节流速（60±2）mL·min^{-1}，确保在空气出口管二氧化碳浓度达到平衡。用红外二氧化碳分析仪测定出口空气中土壤呼吸二氧化碳浓度并且用数字流量计测定流速。为计算土壤呼吸速率，采用如下公式：

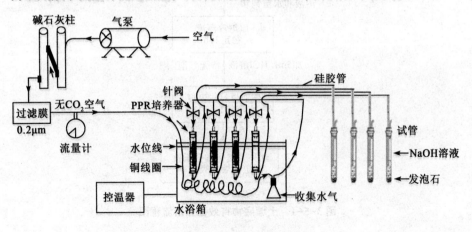

图3-4-2　动态碱液吸收装置

$$R_s = \frac{12 \times 24 \times 60 \times 0.001 \times (C - C_0) \times R_f}{22.4 \times W_s}$$

式中：R_s——土壤呼吸速率，$\mu g\ CO_2$-$C\ g^{-1}\ dry\ soil \cdot day^{-1}$；

C——仪器记录的二氧化碳浓度，$\mu mol\ CO_2 \cdot mol^{-1}$；

R_f——记录的二氧化碳流速，$mL \cdot min^{-1}$；

W_s——土壤干重，g。

3.5 土壤底物有效性

将两份 20g 新鲜平行土样转移至 125mL 三角瓶中，土量盖过三角瓶底部且厚度不超过 1cm；转移后，用 10mL 一次性注射器分别添加 60 $g \cdot L^{-1}$ 的葡萄糖溶液和去离子水到两份样品至完全饱和。三角瓶放置在原培养温度下稳定 24h（去除由于干扰产生的呼吸混乱）。24h 后，取出土壤样品立即分别放入对应温度的水浴箱中，稳定 1h 后，连接连续空气流二氧化碳测定系统（见图 3-4-2），用红外二氧化碳分析仪测定土壤呼吸速率（见图 3-5-1）。

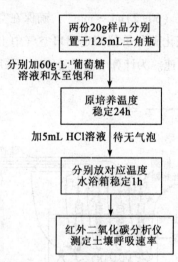

图 3-5-1　土壤底物有效性分析流程图

底物有效性指数（carbon availability index，CAI）指不加葡萄糖的土壤呼吸速率与加葡萄糖的土壤呼吸速率的比值：

$$CAI = \frac{R_{GL-}}{R_{GL+}}$$

式中：R_{GL-}——不加葡萄糖条件下（等量去离子水）的土壤呼吸速率；

R_{GL+}——加葡萄糖条件下的土壤呼吸速率。

本章参考文献

[1] GREGORICH E G, BEARE M H, STOKLAS U, et al. Biodegradability of soluble organic matter in maize-cropped soils[J]. Geoderma, 2003, 113(3): 237-252.

[2] 吴建国, 张小全, 王彦辉, 等. 土地利用变化对土壤物理组分中有机碳分配的影响[J]. 林业科学, 2002; 38(4): 19-29.

[3] GRANDY A S, ERICH M S, PORTER G A. Suitability of the anthrone-sulfuric acid reagent for determining water soluble carbohydrates in soil water extracts[J]. Soil Biology and Biochemistry, 2000, 32(5): 725-727.

[4] VANCE E D, BROOKS P C, JENKINSON D S. An extraction method for measuring soil microbial biomass[J]. Soil biology and biochemistry, 1987, 19(6): 703-707.

[5] 林启美, 吴玉光, 刘焕龙. 熏蒸法测定土壤微生物量碳的改进[J]. 生态学杂志, 1999(2): 63-66.

[6] 马昕昕, 许明祥, 张金, 等. 黄土丘陵区不同土地利用类型下深层土壤轻组有机碳剖面分布特征[J]. 植物营养与肥料学报, 2013, 19(6): 1366-1375.

[7] ROVIRA P, VALLEJO V R. Labile, recalcitrant, and inert organic matter in Mediterranean forest soils[J]. Soil biology and biochemistry, 2007, 39(1): 202-215.

[8] ROVIRA P, VALLEJO V R. Labile and recalcitrant pools of carbon and nitrogen in organic matter decomposing at different depths in soil: an acid hydrolysis approach [J]. Geoderma, 2002, 107(1/2): 109-141.

[9] BLAIR G J, LEFROY R, LISLE L. Soil carbon fractions ased on their degree of oxidation, and the development of a carbon management index for agricultural systems[J]. Australian Journal of Agricultural Research, 1995, 46(7):

393-406.

[10] ISERMEYER H. Eine einfache methode zur bestimmung der bodenatmung und der karbonate im boden[J].Journal of plant nutrition and soil science, 2010,56(1/2/3):26-38.

[11] GERSHENSON A,BADER N E,CHENG W X.Effects of substrate availability on the temperature sensitivity of soil organic matter decomposition [J].Global change biology,2009,15(1):176-183.

[12] CHENG W,VIRGINIA R A.Measurement of microbial biomass in arctic tundra soils using fumigation-extraction and substrate-induced respiration procedures[J].Soil biology biochemistry,1993,25(1):135-141.

[13] 林俊杰.中速周转土壤碳库的温度敏感性[D].沈阳:中国科学院大学(沈阳应用生态研究所),2016.

第 4 章　土壤氮分析

4.1　总氮

4.1.1　土壤全氮（有机碳）——元素分析仪法

4.1.1.1　实验试剂

不同 pH 值的 HCl 溶液配制：取 85.5mL 浓 HCl 加入 800mL 超纯水中，用超纯水稀释至 1L，配置 HCl 溶液浓度约为 $1 \, mol \cdot L^{-1}$，此时 HCl 溶液 pH 值约为 0，将此溶液逐级稀释 10 倍，以获得 pH 分别为 1，2，3，4，5 的 HCl 溶液。

4.1.1.2　仪器设备

Vario EL Ⅲ 型元素分析仪（德国 Elementar 公司）、Milli-QA10 型超纯水仪（密理博公司）、MM400 混合研磨仪（德国 Retsch 公司）。

4.1.1.3　分析步骤

① 样品制样：将风干过的土壤样品进行制备，最后用混合研磨仪制备成粒径 150μm 以下的土壤样品。

② 标物样品前处理：每种标物都用 pH 值为 0~5 的 HCl 溶液分别进行去无机碳处理。将 50mL 烧杯洗净，于 105℃ 烘干箱烘干至恒量，称取 2000.0mg 土壤标物置于烧杯中。加入 5mL 不同 pH 值的 HCl 溶液，待土壤溶液无气泡产生时，将烧杯置于 105℃ 的电热板上加热至溶液近干，然后将烧杯移至烘干箱中 105℃ 烘干至恒量，称量。计算处理过的土壤质量以获得土壤处理前后的比例，并将土壤再次研细，将处理过的样品保存于干燥器

中待分析。样品处理设置 3 次重复实验。

③ 元素分析仪测定条件：样品称样量 25.0mg，称样量可根据仪器响应值情况进行加减调整，氧化炉温度为 1150℃，还原炉温度为 850℃，通氧时间 90s，CO_2 柱热脱附温度 100℃，单个样品测试时间 10min。用于日校正的标准品为 GBW-07402。

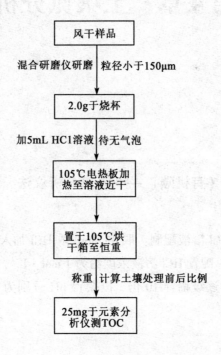

图 4-1-1 土壤总有机碳分析流程图

4.1.2 土壤全氮——碱性过硫酸钾消解紫外分光光度法

4.1.2.1 方法原理

在 120~124℃温度下，碱性过硫酸钾溶液使样品中含氮化合物的氮转化为硝酸盐，采用紫外分光光度法于波长 220nm 和 275nm 处分别测定吸光值 A_{220} 和 A_{275}，计算其校正吸光值 ΔA，土壤总氮含量与吸光值成正比。

4.1.2.2 实验试剂

① 碱性过硫酸钾溶液：称取 40.0g 过硫酸钾溶于 600mL 水中（置于50℃水浴箱中加热至全部溶解）；另称取 15.0g 氢氧化钠溶于 300mL 水中。待氢氧化钠溶液冷却至室温后，混合两种溶液定容至 1000mL，存放于聚乙

烯瓶中，可保存一周。

② 盐酸溶液：将盐酸与水 1∶9 混合保存。

③ 100mg/L 硝态氮（NO$_3^-$-N）标准储备液：称取 0.7218g 硝酸钾溶于适量水中，移至 1000mL 容量瓶中，用水稀释至标线，混匀。加入 1~2mL 三氯甲烷作为保护剂，在 0~10℃暗处保存，可稳定 6 个月。使用前，用去离子水稀释 10 倍，配制成每升含硝态氮（N）10.0mg 的标准使用液。

4.1.2.3 仪器设备

往复式振荡机、紫外分光光度计、50mL 玻璃比色管、离心机、10mm 石英比色皿、高压蒸汽灭菌器。

4.1.2.4 分析步骤

① 浸提：称取相当于 0.1g 干土的新鲜土样（若是风干土，过 60 目筛）精确到 0.0001g，置于 50mL 玻璃比色管中，加入去离子水 10mL，再加入碱性过硫酸钾溶液20mL，塞紧管塞，用纱布和线绳扎紧管塞，以防弹出。将

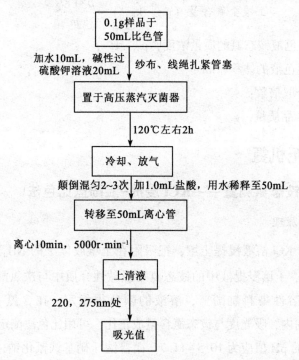

图 4-1-2　土壤全氮分析流程图

比色管置于高压蒸汽灭菌器中，加热至120℃开始计时，保持温度在120℃左右2h，自然冷却、开阀放气，取出比色管冷却至室温，按住管塞将比色管中的液体颠倒混匀2~3次。每个比色管加入1.0mL盐酸溶液，用水稀释至50mL标线，盖塞混匀，把溶液倒入50mL离心管中，25℃，5000r·min^{-1}离心10min，待固液分离后吸取一定量上层清液进行分析。

② 比色：使用10mm石英比色皿将土壤浸提液用分光光度计在220nm和275nm处测量吸光值。

③ 工作曲线：分别取0.00、0.20、0.50、1.00、3.00和7.00mL硝酸钾标准使用液于50mL具塞磨口玻璃比色管中，同步骤①②进行比色（见图4-1-2）。

4.1.2.5 结果计算

根据测得的A_{220}和A_{275}，按照下式计算硝态氮的吸光度ΔA：

$$\Delta A = A_{220} - A_{275}$$

$$土壤全氮含量（mg \cdot kg^{-1}）= \frac{\rho \times V \times ts}{m}$$

式中：ρ——显色液铵态氮的质量浓度，$\mu g \cdot L^{-1}$；

V——显色液的体积，mL；

ts——分取倍数；

m——样品质量，g。

4.2 土壤无机氮

4.2.1 土壤铵态氮测量——KCl浸提-靛酚蓝比色法

4.2.1.1 方法原理

2 mol·L^{-1} KCl溶液浸提土壤，把吸附在土壤胶体上的NH_4^+及水溶性NH_4^+浸提出来。土壤浸提液中的铵态氮在强碱性介质中与次氯酸盐和苯酚作用，生成水溶性染料靛酚蓝，溶液的颜色很稳定。在含氮0.05~0.5 mol·L^{-1}的范围内，吸光度与铵态氮含量成正比，可用比色法测定。

反应体系的pH值应为10.5~11.7。硝普钠［硝基铁氰化钠，或称亚硝酰基五氰基合铁（Ⅲ）酸钠，$Na_2Fe(CN)_5NO$］是此反应的催化剂，能加速显色，增强蓝色的稳定性。在20℃左右室温时一般须放置1h后测量吸光值，完全显色需 2~3h。生成的蓝色很稳定，24h 内吸收值无显著变化。于 625nm 波长处测量吸收值。待测液中如有干扰的金属离子，可用 EDTA 等掩蔽剂掩蔽。

4.2.1.2　实验试剂

① 2 mol·L^{-1} KCl 溶液：称取 149.1g 氯化钾（KCl，化学纯）溶于水中，稀释至 1L。

② 苯酚溶液：称取苯酚（C_6H_5OH，化学纯）10g 和硝基铁氰化钠 [$Na_2Fe(CN)_5NO_2H_2O$] 100mg 稀释至 1L。此试剂不稳定，须贮于棕色瓶中，在 4℃ 冰箱中保存。

③ 次氯酸钠碱性溶液：称取氢氧化钠（NaOH，化学纯）10g、磷酸氢二钠（$Na_2HPO_4·7H_2O$，化学纯）7.06g、磷酸钠（$Na_3PO_4·12H_2O$，化学纯）31.8g 和 52.5g 次氯酸钠（NaClO，化学纯，即含 5% 有效氯的漂白粉溶液）10mL 溶于水中，稀释至 1L，贮于棕色瓶中，在 4℃ 冰箱中保存。

④ 掩蔽剂：将 400g·L^{-1} 的酒石酸钾钠（$KNaC_4H_4O_6·4H_2O$，化学纯）与 100g·L^{-1} 的 EDTA 二钠盐溶液等体积混合。每 100mL 混合液中加入 10 mol·L^{-1} 氢氧化钠 0.5mL。

⑤ 2.5μg·mL^{-1} 铵态氮（$NH_4^+ - N$）：标准溶液称取干燥的硫酸铵 [$(NH_4)_2SO_4$，分析纯] 0.4717g 溶于水中，洗入容量瓶后定容至 1L，制备成含铵态氮（N）100μg·mL^{-1} 的贮存溶液；使用前将其加水稀释 40 倍，即配制成含铵态氮（N）2.5μg·mL^{-1} 的标准溶液备用。

4.2.1.3　仪器设备

往复式振荡机、紫外分光光度计。

4.2.1.4　操作步骤

① 浸提：称取相当于 10.00g 干土的新鲜土样（若是风干土，过 2mm 筛）准确到 0.01g，置于 100mL 三角瓶中，加入氯化钾溶液 50mL，塞紧塞子，在振荡机上振荡 1h。取出静置，待土壤-氯化钾悬浊液澄清后，吸取一定量上层清液进行分析。如果不能在 24h 内进行，应用滤纸过滤悬浊液，将滤液储存在冰箱中备用（见图 4-2-1）。

② 比色：吸取土壤浸出液 2mL，放入 25mL 比色管中，用氯化钾溶液补充至 5mL，然后加入苯酚溶液 2.5mL 和次氯酸钠碱性溶液 2.5mL，摇匀。

（a）称样	（b）加液浸提
（c）振荡	（d）静置
（e）过滤	（f）储存

图 4-2-1　浸提步骤

在 20℃左右的室温下放置 1h 后（过早加入掩蔽剂会使显色反应很慢，蓝色偏弱；加入过晚，则生成的氢氧化物沉淀可能老化而不易溶解），加掩蔽剂

0.5mL 以溶解可能产生的沉淀物，然后用水定容至刻度。用 10mm 比色槽在 625nm 波长处（或红色滤光片）进行测量，读取吸光度。

③ 工作曲线：分别吸取 0.00，2.00，4.00，6.00，8.00，10.00mL NH₄⁺-N 标准液于 25mL 比色管中，各加 5mL 氯化钾溶液，同②步骤进行比色测定（见图 4-2-2）。

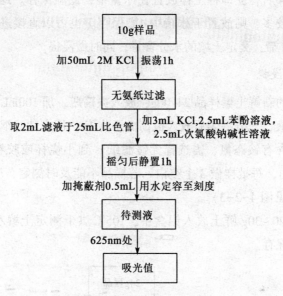

图 4-2-2　靛酚蓝比色法测土壤铵态氮分析流程图

4.2.1.5　结果计算

$$\omega_{\mathrm{NH_4^+-N}} = \frac{\rho \times V \times ts}{m}$$

式中：$\omega_{\mathrm{NH_4^+-N}}$——土壤中铵态氮含量，$mg \cdot kg^{-1}$；

ρ——显色液铵态氮的质量浓度，$\mu g \cdot mL^{-1}$；

V——显色液的体积，mL；

ts——分取倍数；

m——样品质量，g。

4.2.2　土壤氨态氮和硝态氮——流动注射分析仪

4.2.2.1　取样与保存

根据小区面积，随机选 2~3 个样点，采样地点应避开边行以及头尾，在行间取样，以 30cm 为一层，取样深度可以是 0~90cm 或 0~210cm 或更深，分层取样，等层混合。新鲜土样须在田间立即放入冰盒，没有冰盒则应将土样放置阴凉处，避免阳光直接照射，并尽快带回室内处理。

4.2.2.2 土样处理

在田间采样后，立即将土样放置在冰盒中，低温保存。返回实验室后，如果样品数量较多，则放置于冰箱中 4℃ 保存。也可以直接进行土样处理：土壤过 3~5mm 筛，测定土壤的水分含量，同时做浸提。

4.2.2.3 土样浸提

取混匀好的新鲜土壤样品 24.00g，放入振荡瓶，加 100mL 1 mol·L⁻¹优级纯 KCl 浸提液，充分混匀后放入振荡机振荡 1h，用定性滤纸过滤（注意：国内售滤纸多含有铵态氮，需选择无铵滤纸）到小烧杯或胶卷盒中，留滤液约 20mL 备用，每批样做 3 个空白。若样品不能及时测定，应放入贮藏瓶中冷冻保存（见图 4-2-3）。

同时称取 20~30g 鲜土放入铝盒中，105℃ 烘干测定土壤水分。剩余土样自然风干后保存。

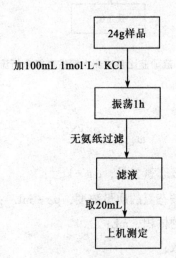

图 4-2-3　流动注射分析仪分析流程图

4.2.2.4 上机测试

测定前先解冻贮藏瓶盒中的滤液，并保持滤液均匀（注意：解冻后的样品有时有 KCl 析出，必须等 KCl 溶解后，液体完全均匀后再测定），用流动分析仪测定溶液中的铵态氮和硝态氮含量（专门的试验人员负责）。所用标准溶液必须是用 1 mol·L^{-1} KCl 浸提液配制。

有时样品浓度超出了机器的测定范围，需对样品进行稀释（注意：应以最低稀释倍数把样品测定出来，且不可放大稀释倍数，否则会引起很大误差）。

流动分析测定的是溶液中的铵态氮和硝态氮浓度，单位是 mg·L^{-1}，必须根据土壤样品含水量和土壤干重换算成 mgN·kg^{-1}。如果要换算成 kgN·ha^{-1}（非法定单位），可以通过下列公式：

土壤硝态氮或铵态氮（kgN·ha^{-1}）＝土壤硝态氮或铵态氮（mgN·kg^{-1}）×采样层次（30cm 或 20cm）×土壤容重/10

4.2.3　土壤硝态氮——紫外分光光度法

4.2.3.1　方法原理

用氯化钾溶液提取土壤硝态氮，于紫外分光光度计上分别测量其 220nm 和 275nm 处的吸光度，前者是硝酸根和以有机质为主的杂质的吸收值，后者是以有机质为主的杂质的吸收值。因为 275nm 处硝酸根已无吸收，故可将 A_{275} 校正为有机质在 220nm 处的干扰吸收，从 A_{220} 中减去，即得硝酸根在 220nm 处得真实吸收值，再利用标准曲线法求得土壤中硝态氮的含量。

4.2.3.2　实验试剂

① 2 mol·L^{-1} KCl 溶液：称取 149.1g 氯化钾（KCl，化学纯）溶于水中，稀释至 1L。

② 硝态氮（NO$_3^-$-N）标准溶液 [ρ(N)＝2.00mg·L^{-1}]：称取 0.3609g 硝酸钾（KNO$_3$）溶于去离子水，并定容至 1L，储于冰箱中。此溶液每升含硝态氮 50.0mg。使用前将其加氯化钾溶液稀释 25 倍，配制成 2.00mg 硝态氮标准溶液备用。

4.2.3.3　仪器设备

往复式振荡机、紫外分光光度计、10mm 石英比色皿。

4.2.3.4　操作步骤

① 浸提：土壤浸提步骤同土壤铵态氮的测定方法。

② 比色：使用 10mm 石英比色皿直接将土壤浸提液用分光光度计在

220nm 和 275nm 处进行比色。

③ 工作曲线：分别吸取 0.00，2.00，4.00，6.00，8.00，10.00mL NO_3^--N 标准溶液于 10mL 试管中，用氯化钾溶液补充至 10mL，比色步骤同②（见图 4-2-4）。

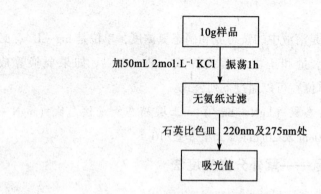

图 4-2-4 土壤硝态氮紫外分光光度法分析流程图

4.2.3.5 结果计算

根据测得的 A_{220} 和 A_{275}，按照下式计算硝态氮的吸光度

$$\Delta A = A_{220} - A_{275}$$

$$\omega_{NO_3^--N} = \frac{\rho \times V \times ts}{m}$$

式中：$\omega_{NO_3^--N}$——土壤硝态氮含量，$mg \cdot kg^{-1}$；

ρ——显色液硝态氮的质量浓度，$\mu g \cdot mL^{-1}$；

V——显色液的体积，mL；

ts——分取倍数；

m——样品质量，g。

4.2.4 土壤亚硝酸盐氮——紫外分光光度法

4.2.4.1 方法原理

氯化钾溶液提取土壤中的亚硝酸盐氮，在酸性条件下，提取液中的亚硝酸盐氮与磺胺反应生成重氮盐，再与盐酸-N-(1-萘基)-乙二胺偶联生成红色染料，在波长 543nm 处具有最大光吸收值。在一定浓度范围内，亚硝酸盐氮浓度与吸光度值符合朗伯-比尔定律。

4.2.4.2　实验试剂

① 浓磷酸：$\rho(H_3PO_4)=1.71g\cdot mL^{-1}$。

② 亚硝酸钠（$NaNO_2$）：优级纯，干燥器中干燥 24h。

③ 氯化钾溶液：$c(KCl)=1mol\cdot L^{-1}$，称取 74.55g 氯化钾，用适量水溶解，移入 1000mL 容量瓶中，用水定容，混匀。

④ 亚硝酸盐氮标准贮备液：$\rho(NO_2^--N)=1000mg\cdot L^{-1}$，称取 4.926g 亚硝酸钠，用适量水溶解，移入 1000mL 容量瓶中，用水定容，混匀。该溶液贮存于聚乙烯塑料瓶中，4℃下可保存 6 个月。或直接购买市售有证标准溶液。

⑤ 亚硝酸盐氮标准使用液Ⅰ：$\rho(NO_2^--N)=100mg/L$，量取 10.0mL 亚硝酸盐氮标准贮备液于 100mL 容量瓶中，用水定容，混匀。用时现配。

⑥ 亚硝酸盐氮标准使用液Ⅱ：$\rho(NO_2^--N)=10.0mg/L$，量取 10.0mL 亚硝酸盐氮标准使用液Ⅰ于 100mL 容量瓶中，用水定容，混匀，用时现配。

⑦ 磺胺溶液（$C_6H_8N_2O_2S$）：向 1000mL 容量瓶中加入 600mL 水，再加入 200mL 浓磷酸，然后加入 80g 磺胺，用水定容，混匀。该溶液于 4℃下可保存 1 年。

⑧ 盐酸-N-（1-萘基）-乙二胺溶液：称取 0.40g 盐酸-N-（1-萘基）-乙二胺（$C_{12}H_{14}N_2\cdot 2HCl$）溶于 100mL 水中。4℃下保存，当溶液颜色变深时应停止使用。

⑨ 显色剂：分别量取 20mL 磺胺溶液、20mL 盐酸-N-（1-萘基）-乙二胺溶液、20mL 浓磷酸于 100mL 棕色试剂瓶中，混合。4℃下保存，当溶液变黑时应停止使用。

4.2.4.3　仪器设备

分光光度计、pH 计、恒温水浴振荡器、还原柱、离心机、离心管、天平、聚乙烯瓶、具塞比色管等。

4.2.4.4　分析步骤

（1）试样的制备。

将采集后的土壤样品去除杂物，手工或仪器混匀，过样品筛。在进行手工混合时应戴橡胶手套。过筛后样品分成两份，一份用于测定干物质含量；另一份用于测定待测组分含量。

（2）试料的制备。

称取40.0g试样，放入500mL聚乙烯瓶中，加入200mL氯化钾溶液，在20℃±2℃的恒温水浴振荡器中振荡提取1h。转移约60mL提取液于100mL聚乙烯离心管中，在3000r·min⁻¹的条件下离心分离10min。然后将约50mL上清液转移至100mL比色管中，制得试料，待测。

注意：提取液也可以在4℃下，以静置4h的方式代替离心分离，制得试料。

（3）空白试料制备。

加入200mL氯化钾溶液于500mL聚乙烯瓶中，按照与试料的制备相同步骤制备空白试料。

注意：试料需要在一天之内分析完毕，否则应在4℃下保存，保存时间不超过一周。

（4）校准。

分别量取0，1.00，5.00mL亚硝酸盐氮标准使用液Ⅱ和1.00，3.00，6.00mL亚硝酸盐氮标准使用液Ⅰ置于一组100mL容量瓶，加水稀释至标线，混匀，制备标准系列，亚硝酸盐氮含量分别为0，10，50，100，300，600μg。

分别量取1.00mL上述标准系列于一组25mL具塞比色管中，加入20mL水，摇匀。向每个比色管中加入0.20mL显色剂，充分混合，静置60～90min，在室温下显色。于543nm波长处，以水为参比，测量吸光度。以剔除零浓度的校正吸光度为纵坐标，亚硝酸盐氮含量（μg）为横坐标，绘制校准曲线。

（5）测定。

量取1.00mL试料至25mL比色管中，按照校准曲线比色步骤测量吸光度。

注意：当试料中的亚硝酸盐氮含量超过校准曲线的最高点时，应用氯化钾溶液稀释试料，重新测定。

（6）空白试验。

量取1.00mL空白试料至25mL比色管中，按照校准曲线比色步骤测量吸光度。

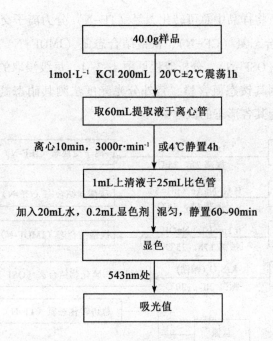

图 4-2-5　亚硝酸盐氮分析流程图

4.2.4.5　结果计算

样品中亚硝酸盐氮含量 ω（mg·kg^{-1}），按照下式进行计算：

$$\omega = \frac{m_1 - m_0}{V} \times f \times R$$

式中：ω ——样品中亚硝酸盐氮的含量，mg/kg；

m_1 ——从校准曲线上查得的试料中亚硝酸盐氮的含量，μg；

m_0 ——从校准曲线上查得的空白试料中亚硝酸盐氮的含量，μg；

V ——测定时的试料体积，1.00mL；

f ——试料的稀释倍数；

R ——试样体积（包括提取液体积与土壤中水分的体积）与干土的
比例系数（mL/g），按照下式进行计算：

$$R = \frac{V_{ES} + m_s \times (1 - W_{dm}) / d_{H_2O}}{m_s \times W_{dm}}$$

4.3　土壤结合态氮

准确称取 1g 左右的土壤样品，用土壤中氮的分级浸取分离方法分析土壤中氮的形态，将样品中总可转化态氮（TF−N）分为离子交换态氮（IEF−N）、碳酸盐结合态氮（CF−N）、铁锰结合态氮（IMOF−N）和有机态与硫化物结合态氮（OSF−N），分析流程见图4−3−1。每级浸取的土壤浸提液用靛酚蓝比色法测其铵态氮含量，紫外分光光度法测其硝态氮含量。铵态氮与硝态氮之和为其各形态的氮含量。

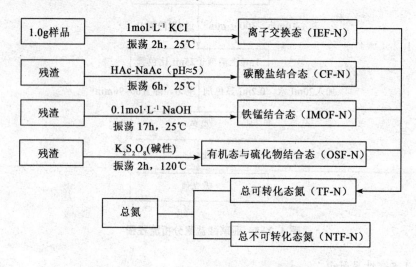

图4−3−1　土壤氮形态分析流程图

4.4　土壤氮矿化

4.4.1　土壤净氮矿化

4.4.1.1　方法原理

目前，国内外土壤矿化氮的测定方法主要是生物培养法，此法测定的是土壤中氮的潜在供应能力，其结果与植物生长的相关性较高。生物培养法分为好氧培养法（aerobic method）和厌氧培养法（anaerobic method）。

好氧培养法：使土样在适宜的温度、水分、通气条件下进行培养，测定培养过程中释放出的无机态氮，即在培养之前和培养之后测定土壤中无机氮（铵态氮和硝态氮等）的总量，二者之差即为矿化氮。好氧培养法沿用至今已有很多改进，主要反映在：用的土样质量（10~15g）、加或不加填充物（如砂，蛭石）以及土样和填充物的比例、温度控制（25~35℃）、水分和通气调节（如土10g，加水6mL或加水至土壤持水量的60%）、培养时间（14~20d）等。很明显，培养的条件不同，测出的结果也会不同。

厌氧培养法：通常以水淹创造无氧条件进行培养（water logging method），测定土壤中有机态氮经矿化作用转化的无机态氮的量。其培养过程中，培养条件的控制比较容易掌握，不需要考虑同期条件和严格的水分控制，可用较少土样和较短培养时间，方法简单且快速，结果的再现性较好，更适用于例行分析。故本试验采用厌氧培养法。

4.4.1.2 操作步骤

（1）土壤初始氮的测定。

称取过筛后的风干土样 20.0g（记录质量），用靛酚蓝比色法测定其铵态氮含量，用紫外分光光度法测定其硝态氮含量。铵态氮与硝态氮之和为其培养前土壤无机氮含量。

（2）培养土样准备。

称取过筛后的风干土样 20.0g（记录质量）置于 150mL 三角瓶中，加去离子水 20.0mL，摇匀（土样必须被水全部覆盖）。加盖橡皮塞，置于 40℃±2℃恒温生物培养箱中培养待测（七昼夜）。

（3）土壤矿化氮和初始氮之和的测定。

培养一周后取出矿化培养土样，加 80mL 2.5 mol·L^{-1} KCl 溶液，再用橡皮塞塞紧，在振荡机上振荡 1h，离心过滤后测定其无机氮含量。

同时做空白试验。

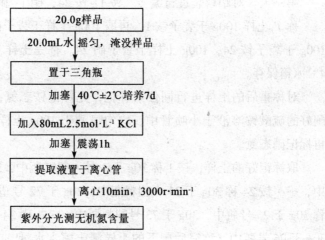

图 4-4-1 土壤氮矿化分析流程图

4.4.1.3 结果计算

$$土壤净氮矿化速率 = \frac{培养后无机氮含量 - 培养前无机氮含量}{培养时间}$$

4.4.2 土壤总氮矿化

4.4.2.1 方法原理

^{15}N 稀释技术是添加标记的 ^{15}N 到土壤 NH_4^+ 和 NO_3^- 库中，新产生的 NH_4^+ 和 NO_3^- 中的 ^{14}N 会造成 ^{15}N 和 ^{14}N 比例的变化，而微生物利用无机氮则对 ^{14}N 和 ^{15}N 没有区分，对同位素的丰度没有影响，从而能够直接测定总氮矿化的量，并能测量实际植物和微生物竞争的 NH_4^+ 的量，更能反映有机物矿化成无机氮的数量。

4.4.2.2 室内培养实验操作步骤

实验准备：叠滤纸、挂小纸片（用大头针在小纸片上扎孔，取两片小纸片挂于挂钩上）、配制 $1mol \cdot L^{-1}$ 的氯化钾溶液、用记号笔编号瓶子（分别编号 250mL 玻璃瓶、大号塑料瓶、中号塑料瓶、小离心管，一一对应）、回形针、在玻璃瓶中加 2 颗玻璃珠，0.3g 氧化镁。

配同位素标记溶液：250mL 纯净水，0.018g 硝酸钾的 ^{15}N、0.042g 硝酸钾的 ^{14}N；0.012g 硫酸铵的 ^{15}N、0.027g 硫酸铵的 ^{14}N。

以 24 个土样为例（T_1：1~48，T_2：49~96）。

第一天：对塑料袋进行编号：铵 1~铵 24，硝 1~硝 24。

称 T_1 土样 100g 于袋子铵 1，再取 100g 土样于袋子硝 1，……称 T_{24} 土样 100g 于袋子铵 24，100g 土样于袋子硝 24。称完土样，将剩余的土样放回 4℃冰箱保存。

对称重后的土样进行同位素标记，先标记铵态氮，用移液枪吸取 3mL 配好的硫酸铵溶液于小喷管中，均匀喷洒于 100g 土样上，铵态氮结束后，再标记硝态氮。

取标记好的土样，铵 1 称 30g 于 1 号大塑料瓶中，30g 于 49 号大塑料瓶中，……铵 24 称 30g 于 24 大塑料瓶中，30g 于 72 号塑料瓶中。同样，硝 1 称 30g 于 25 号瓶中，30g 于 73 号塑料瓶中，……硝 24 称 30g 于 48 号瓶中，30g 于 96 号瓶中。称完后剩下的土样测土壤含水量，土样的编号与小铝盒的标号一一对应。

标记结束后，将同位素溶液密封，避光，于 4℃ 冰箱中保存，然后对称过土样的大塑料瓶用封口膜进行封口。完毕后，将 96 个大塑料瓶于 25℃ 培养箱中进行避光培养 18h。

第二天：从培养箱中取前 48 号瓶子，去掉封口膜，分别加入 60mL 氯化钾溶液（用前摇匀），同时做一空白对照。盖紧后放入摇床，转速 200 r·min^{-1} 振荡 1h。振荡结束，将溶液过滤到中号塑料瓶中，编号一一对应。过滤结束，用 30mL 注射器吸取 30mL 过滤液于玻璃瓶中、10mL 于小离心管中（加 0.22 微升过滤头），空白溶液只需加入到两个离心管中即可。完毕，把加过溶液的小离心管放入 -20℃ 冰箱中保存，1~48 号玻璃瓶［1~24 号瓶子加垫子，加挂钩，每个小纸片上加 10μL 草酸溶液（用前摇一摇），加盖子（用已打磨过的里面无棱的盖子），25~48 号瓶子敞口］放入摇床，转速 150r·min^{-1}，记下时间 t_1，振荡 24h。

第三天：取培养箱中 49~96 号瓶子，步骤同第二天，记下时间 t_2。

t_1+24h 时间到，将 1~24 号瓶子上的小纸片用回形针取下放入 96 孔板中，一个回形针对应一个编号；25~48 号玻璃瓶加入 0.3g Devardas alloy，加垫子，挂钩、盖子。放入摇床继续振荡，记下时间 t_3。

第四天：t_2+24h 时间到，重复第三天的步骤，记下时间 t_4。t_3+24h 时间到，用回形针取下小纸片到 96 孔板中，号码一一对应。

第五天：t_4+24h 时间到，用回形针取下小纸片到 96 孔板中，号码一一对应。

干燥后上质谱仪分析 ^{15}N 丰度。

4.4.2.3 野外原位培养实验操作步骤

取过 3.15mm 筛的风干土壤样品分别用 (^{15}NH$_4$)$_2$SO$_4$ 和 K^{15}NO$_3$ 同位素溶液进行标记，标记过程增加土壤水分含量 3% 左右。将标记好的土壤分为 6 份分别装于 250mL 塑料瓶中，用封口膜封口后放入样地野外培养。18h 后取出一半，剩下的一半 18h+24h 后取出，取出后立刻加入 1mol·L^{-1} 的 KCl 溶液震荡提取无机氮，取 10mL 提取液测量 NH$_4^+$-N 和 NO$_3$-N 含量，取 30mL 提取液加入 250mL 的玻璃瓶中，置于 150r·min^{-1} 的摇床上，用于测量 ^{15}N 含量。测量 NH$_4^+$-^{15}N 时在玻璃瓶中加入提取液后，加上 0.3g MgO，两颗玻璃珠，盖上挂有无灰滤纸的铁片，盖盖子，无灰滤纸用 1mol·L^{-1} 草酸酸化，摇 18h 后收集滤纸片。测量 $^{15}NO_3^-$ 时在提取液中加 0.3g MgO，两颗玻璃珠，开口摇 24h 后，加入 0.3g Devardas alloy，加上挂有无灰滤纸的铁片，盖盖子，摇 18h 后收集滤纸片，干燥后上质谱仪分析 ^{15}N 丰度。

4.4.2.4　计算公式

$$m = \frac{M_0 - M_1}{t} \times \frac{\lg\left(\dfrac{H_0 M_0}{H_1 M_0}\right)}{\lg\left(\dfrac{M_0}{M_1}\right)}$$

$$c = \frac{M_0 - M_1}{t} \times \frac{\lg\left(\dfrac{H_0}{H_1}\right)}{\lg\left(\dfrac{M_0}{M_1}\right)}$$

式中：M_0——室内恒温 25℃/野外培养 18h 后的 $^{14+15}NH_4$ 库，mg N·kg^{-1} soil；

M_1——室内恒温 25℃/野外培养 42h 后的 $^{14+15}NH_4$ 库，mg N·kg^{-1} soil；

H_0——室内恒温 25℃/野外培养 18h 后高于自然丰度的 $^{15}NH_4$ 库，mg N·kg^{-1} soil；

H_1——室内恒温 25℃/野外培养 42h 后高于自然丰度的 $^{15}NH_4$ 库，mg N·kg^{-1} soil；

m——总氮矿化率，mg N·kg^{-1} soil·d^{-1}；

c——总 NH_4^+ 的消耗率，mg N·kg^{-1} soil·d^{-1}；

t——t_1 和 t_2 之间的培养时间间隔，h。

4.5　土壤微生物生物量氮——氯仿熏蒸浸提法

4.5.1　实验试剂

① 去乙醇氯仿制备：量取 500mL 氯仿于 1000mL 的分液漏斗中，加入 50mL 硫酸溶液 $[\phi(H_2SO_4) = 5\%]$，充分摇匀，弃除上层硫酸溶液，如此进行 3 次。再加入 50mL 去离子水，同上摇匀，弃去上部的水分，如此进行 5 次。得到纯氯仿存放在棕色瓶中，并加入约 20g 无水 K_2CO_3，在冰箱的冷藏室中保存备用。[试剂浓硫酸 ϕ（H_2SO_4）= 95%~98%，稀释 19 倍]。

② 0.5 mol·L^{-1}硫酸钾提取剂：称取硫酸钾（K$_2$SO$_4$，分析纯）87.10g，加热溶于去离子水中，稀释至1L（需加热溶解）。

③ 硫酸铬钾还原剂：称取50.0g分析纯硫酸铬钾[KCr(SO$_4$)$_2$]，溶于200mL分析纯浓硫酸，用去离子水稀释到1L。

④ 0.19 mol·L^{-1}硫酸铜溶液：称取30.324g分析纯硫酸铜（CuSO$_4$）溶于去离子水并定容至1L。

⑤ 10 mol·L^{-1}氢氧化钠溶液：称取400g分析纯氢氧化钠溶于去离子水并定容至1L。

⑥ 4 mol·L^{-1}氢氧化钠溶液：称取160g分析纯氢氧化钠溶于双蒸水并定容至1L，使用前用真空抽滤瓶（膜孔径0.45μm）过滤。

⑦ 0.01 mol·L^{-1}氢氧化钠溶液：取2.5mL 4 mol·L^{-1} NaOH用去离子水稀释至1L。

⑧ 硼酸溶液：称取20.0g分析纯硼酸（H$_3$BO$_3$）溶于去离子水定容至1L。

⑨ 0.05 mol·L^{-1}硫酸溶液：取28.8mL分析纯浓硫酸（H$_2$SO$_4$，ρ = 1.84g·mL^{-1}）用去离子水稀释到1L，此溶液H$_2$SO$_4$浓度为0.5 mol·L^{-1}，将该溶液稀释10倍即可得到0.05 mol·L^{-1}硫酸溶液。再用0.1 mol·L^{-1}标准硼砂溶液标定其准确浓度。

⑩ 0.1 mol·L^{-1}标准硼砂溶液：先将分析纯硼砂（Na$_2$B$_4$O$_7$·10H$_2$O）在55℃去离子水中重结晶，过滤后得到的结晶放入装有食糖和氯化钠饱和溶液烧杯的干燥器中（相对湿度70%）干燥。准确称取经重结晶和干燥的硼砂38.13672g，溶解于去离子水并定容至1L。

⑪ 指示剂贮存液：称取1.0g氨混合指示剂溶解于10mL 0.01 mol·L^{-1} NaOH和10mL 95%乙醇混合液中，用去离子水定容至200mL。该贮存液可存放1个月。

⑫ 指示剂溶液：取10mL指示剂贮存液，用去离子水稀释并定容至500mL，用真空抽滤瓶（膜孔径0.45μm）过滤。注意：此溶液应在使用前一天配制，最多可使用1周。

⑬ 标准氯化铵贮存液：称取经105℃烘干2~3h的分析纯氯化铵3.8190g溶于去离子水中并定容至1L。此贮存液可稳定保存数月。

⑭ 标准氯化铵溶液：取10mL 1000μgN·mL^{-1}氯化铵用去离子水稀释至

200mL。此溶液最多保存 7d。

4.5.2 仪器设备

流动注射氮分析仪、真空抽滤瓶（膜孔径 0.45μm）、容量瓶（100mL）、其他仪器设备同上。

4.5.3 操作步骤

① 土壤前处理、熏蒸、提取同上。

② 提取液中硝态氮还原：吸取 15.0mL 熏蒸与不熏蒸土壤 $0.5\ mol\cdot L^{-1}$ K_2SO_4 浸提液于 250mL 消化管中，加入 10mL 硫酸铬钾还原剂和 300mg 锌粉，至少放置 2h 后再消化。研究结果表明，熏蒸与不熏蒸土壤提取液中硝态氮含量差异很小，在测定土壤 MB-N 时，可以不包括硝态氮，即省略提取液中硝态氮还原过程。

③ 硝化：吸取 10.0mL 熏蒸与不熏蒸土壤 $0.5\ mol\cdot L^{-1}$ K_2SO_4 浸提液（或经还原反应后的浸提液）于 250mL 消化管中，加入 0.2mL 0.19 $mol\cdot L^{-1}$ $CuSO_4$ 溶液、5mL 分析纯浓硫酸及少量防暴沸的颗粒物（如经浓硫酸处理并洗涤后烘干的瓷片，边长约 0.5cm），混合液消化变清后再回流 3h（见图 4-5-1）。

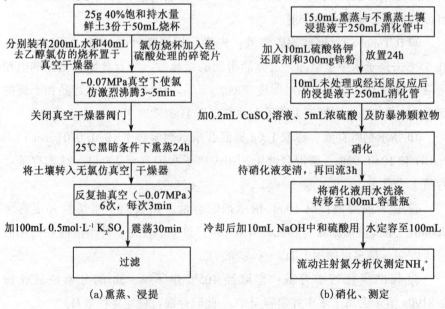

图 4-5-1 微生物量氮分析流程图

④ 消化液中氮测定：消化液冷却后，用去离子水洗涤转移到 100mL 容量瓶中，至体积大约为 70mL，待再冷却后慢慢加入 10mL 10 mol·L^{-1} NaOH 溶液中和部分 H$_2$SO$_4$，边加边充分混匀（以免因局部碱浓度过高而引起消化液中 NH$_4^+$ 的损失），再用去离子水定容至 100mL。溶液中 NH$_4^+$ 含量采用流动注射氮分析仪测定。采用 40μL 样品圈，KTN 扩散膜（耐强酸和强碱），载液为去离子水，试剂 Ⅰ 为 4 mol·L^{-1} NaOH 溶液，试剂 Ⅱ 为指示剂溶液。

校正曲线溶液制备：分别取 0.0，0.5，1.0，2.0，3.0，4.0，5.0mL 50μg N·mL^{-1} 标准氯化铵溶液于 100mL 容量瓶中，分别用去离子水洗涤，转移 1 个空白消化液于容量瓶中，其余操作步骤同样品，用去离子水定容至 100mL，即得浓度分别为 0.0，0.25，0.5，1.0，1.5，2.0，2.5μgN·mL^{-1} 系列标准氯化铵溶液，采用测定 KTN 方法模块测定和制备工作曲线，校正曲线溶液最少应每个月制备一次。其他具体操作参见仪器使用说明。

4.5.4　结果计算

$$MB-N = \frac{E_N}{k_{EN}}$$

式中：E_N——熏蒸土壤提取的全氮与不熏蒸土壤提取的全氮的差值；

　　　k_{EN}——转换系数，取值 0.45。

本章参考文献

[1] 王巧环,任玉芬,孟龄,等.元素分析仪同时测定土壤中全氮和有机碳 [J].分析试验室,2013,10(10):41-45.

[2] 钱君龙,张连弟,乐美麟.过硫酸盐消化法测定土壤全氮全磷[J].土壤, 1990,22(5):258-262.

[3] 鲁如坤.土壤农业化学分析方法[M].北京:中国农业科技出版社,2000.

[4] 刘光崧.土壤理化分析与剖面描述[M].北京:中国标准出版社,1996.

[5] 王伟,于兴修,刘航,等.农田土壤氮矿化研究进展[J].中国水土保持, 2016(10):67-71.

[6] 杨路华,沈荣开,覃奇志.土壤氮素矿化研究进展[J].土壤通报,2003,34 (6):569-571.

[7] BROOKES P C, LANDMAN A, PRUDEN G, et al. Chloroform fumigation and the release of soil nitrogen: a rapid direct extraction method to measure

microbial biomass nitrogen in soil[J].Soil biology and biochemistry,1985, 17(6):837-842.

[8] SHAW M R,HARTE J.Response of nitrogen cycling to simulated climate change:differential responses along a subalpine ecotone[J].Global change biology,2001,7(2):193-210.

[9] WESTERMANN D T,CROTHERS S E.Measuring soil nitrogen mineralization under field conditions[J].Agronomy journal,1980,72(6):1009-1012.

[10] HOOD-NOWOTNY R,UMANA N H N,INSELBACHER E,et al.Alternative methods for measuring inorganic,organic,and total dissolved nitrogen in soil [J].Soil science society of america journal,2010,74(3):1018-1027.

第5章 土壤磷、钾、硫、铁分析

5.1 土壤磷

5.1.1 土壤总磷——碱熔−钼锑抗分光光度法

5.1.1.1 方法原理

经氢氧化钠熔融，土壤样品中的含磷矿物及有机磷化合物全部转化为可溶性的正磷酸盐，在酸性条件下与钼锑抗显色剂反应生成磷钼蓝，在波长 700nm 处测量吸光度。在一定浓度范围内，样品中的总磷含量与吸光度值符合朗伯−比尔定律。

5.1.1.2 实验试剂

本书中除非另有说明，分析时均使用符合国家标准的分析纯化学试剂。实验用水为新制备的去离子水或去离子水，电导率（25℃）不大于 5.0us·cm^{-1}。

① 浓硫酸：$\rho(H_2SO_4) = 1.84g \cdot mL^{-1}$。

② 氢氧化钠：颗粒状，优级纯。

③ 无水乙醇：$\rho(CH_3CH_2OH) = 0.789g \cdot mL^{-1}$。

④ 浓硝酸：$\rho(HNO_3) = 1.51g \cdot mL^{-1}$。

⑤ 硫酸二氢钾：优级纯，取适量磷酸二氢钾（KH_2PO_4）于称量瓶中，在 110℃下烘干 2h，置于干燥器中放冷，备用。

⑥ 硫酸溶液：$c(H_2SO_4) = 3 \ mol \cdot L^{-1}$，于 800mL 水中，在不断搅拌下缓慢加入 168mL 浓硫酸，待溶液冷却后加水至 1000mL，混匀。

⑦ 硫酸溶液：$c(H_2SO_4) = 0.5\ mol \cdot L^{-1}$，于 800mL 水中，在不断搅拌下缓慢加入 28mL 浓硫酸，待溶液冷却后加水至 1000mL。混匀。

⑧ 1+1 硫酸溶液：用浓硫酸和水以 1 : 1 的比例配置。

⑨ 氢氧化钠溶液：$c(NaOH) = 2\ mol \cdot L^{-1}$，称取 20.0g 氢氧化钠，溶解于 200mL 水中，待溶液冷却后加水至 250mL，混匀。

⑩ 抗坏血酸溶液：$\rho = 0.1g \cdot mL^{-1}$，称取 10.0g 抗坏血酸溶于适量水中，溶解后加水至 100mL，混匀。该溶液贮存在棕色玻璃瓶中，在约 4℃可稳定两周，若颜色变黄，则弃去重配。

⑪ 钼酸盐溶液：称取 13.0g 钼酸铵溶于适量水中，溶解后加水至 100mL。称取 0.35g 酒石酸锑氧钾溶于适量水中，溶解后加水至 100mL。在不断搅拌下，将 100mL 钼酸铵溶液缓慢加入至已冷却的 300mL 1+1 硫酸溶液中，再加入 100mL 酒石酸锑氧钾溶液，混匀。该溶液贮存在棕色玻璃瓶中，在 4℃下可以稳定两个月。

⑫ 磷标准工作溶液（以 P 计）：$\rho = 5.00mg \cdot L^{-1}$，称取 0.2197g 磷酸二氢钾溶于适量水中，溶解后移入 1000mL 容量瓶，再加入 5mL 硫酸溶液，加水至标线，混匀得到磷标准贮备溶液。量取 25.00mL 磷标准贮备溶液于 250mL 容量瓶中，加水至标线，混匀。该溶液现用现配。

⑬ 2，4-二硝基酚（或 2，6-二硝基酚）指示剂：$\rho = 0.002g \cdot mL^{-1}$称取 0.2g 2，4-二硝基酚（或 2，6-二硝基酚）溶于适量水中，溶解后加水至 100mL，混匀。

5.1.1.3 仪器设备

① 分光光度计：配有 30mm 比色皿。

② 马弗炉。

③ 离心机：$2500 \sim 3500r \cdot min^{-1}$，配有 50mL 离心管。

④ 镍坩埚：容量大于 30mL。

⑤ 天平：精度为 0.0001g。

⑥ 土壤粉碎设备。

⑦ 土壤筛：孔径为 1mm、0.149mm（100 目）。

⑧ 具塞比色管：50mL。

⑨ 烘干箱。

⑩ 实验室常用仪器设备。

5.1.1.4　操作步骤

（1）试料的制备。

称取 0.2500g 过 100 目土壤筛的风干试样于镍坩埚底部，用几滴无水乙醇润湿样品，然后加入 2g 氢氧化钠平铺于样品的表面，将样品覆盖，盖上坩埚盖。将坩埚放入马弗炉中升温，当温度升至 400℃ 左右时，保持 15min，然后继续升温至 640℃，保持 15min，取出冷却。再向坩埚中加入 10mL 水加热至 80℃，待熔块溶解后，将坩埚内的溶液全部转入 50mL 离心管中，再用 10mL 3 mol·L^{-1} 的硫酸溶液分 3 次洗涤坩埚，洗涤液转入离心管中，然后再用适量去离子水洗涤坩埚 3 次，洗涤液全部转入离心杯中，以 2500~3500 r·min^{-1} 离心分离 10min，静置后将上层清液全部转入 100mL 容量瓶中，用水定容，待测。

（2）校准曲线。

分别量取 0.00，0.50，1.00，2.00，4.00，5.00mL 磷标准工作溶液于 6 支 50mL 具塞比色管中，加水至刻度，然后分别向比色管中加入 2~3 滴指示剂，再用 0.5 mol·L^{-1} 硫酸溶液和氢氧化钠溶液调节 pH 值为 4.4 左右，使溶液刚呈微黄色，再加入 1.0mL 抗坏血酸溶液混匀。30s 后加入 2mL 钼酸盐溶液，充分混匀。于 20~30℃ 下放置 15min。用 30mm 比色皿，于 700nm 波长处，以水为参比，测量吸光度。

（3）测量。

量取 10.0mL（或根据样品浓度确定量取体积）试料（1）于 50mL 具塞比色管中，加水至刻度。然后按照与绘制校准曲线（2）相同操作步骤进行显示和测量（见图 5-1-1）。

（4）空白实验。

不加入土壤试样，按照与试料的制备（1）和（2）相同操作步骤，进行显色和测量。

5.1.1.5　结果计算

$$\omega_p = \frac{[(A-A_0)-a] \times V_1}{b \times m \times w \times V_2}$$

式中：ω_p——土壤中总磷的含量，mg·kg^{-1}；

　　　A——试料的吸光度值；

A_0——空白试验的吸光度值；

a ——校准曲线的截距；

V_1——试样定容体积，mL；

B ——校准曲线的斜率；

m ——试样量，mL；

w ——土壤的干物质含量（质量分数,%）。

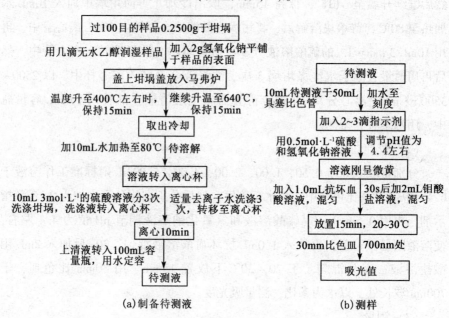

(a)制备待测液 (b)测样

图 5-1-1 土壤总磷分析流程图

5.1.2 土壤有效磷——NaHCO₃浸提-钼锑抗比色法

5.1.2.1 方法原理

石灰性土壤中磷主要以 Ca-P（磷酸钙盐）的形态存在。中性土壤 Ca-P、Al-P（磷酸铝盐）、Fe-P（磷酸铁盐）都占有一定的比例。$0.5mol \cdot L^{-1}NaHCO_3$（pH 8.5）可以抑制 Ca^{2+} 的活性，使某些活性更大的与 Ca 结合的 P 浸提出来。同时，也可使比较活性的 Fe-P 和 Al-P 起水解作用而被浸出。浸出液中磷的浓度很低，须用灵敏的钼蓝比色法测定，其原理详见第五章土壤总磷的测定方法。

当土样含有机质较多时，会使浸出液颜色变深而影响吸光度，或在显色时出现浑浊而干扰测定，此时可在浸提液振荡后过滤前，向土壤悬液中加入活性碳脱色，或在分光光度计 800nm 波长处测定以消除干扰。

在酸性条件下，正磷酸盐与钼酸铵、酒石酸反应，生成磷钼杂多酸，被还原剂抗坏血酸还原，则变成蓝色的络合物，通常即称磷钼蓝。

5.1.2.2　实验试剂

① 1+1 硫酸（H_2SO_4）。

② 10%抗坏血酸 100g·L^{-1} 溶液：溶解 10g 抗坏血酸（$C_6H_8O_6$）于水中，并稀释至 100mL。该溶液贮于棕色的试剂瓶中，在约 4℃ 中可稳定几周。若颜色变黄，则弃去重配。

③ 钼锑抗试剂：溶解 10.0g 钼酸铵（$NH_4)_6Mo_7O_{24}·4H_2O$ 于 300mL 约 60℃ 水中，冷却。然后将稀 H_2SO_4 溶液倒入钼酸铵溶液中，搅匀，再加入 100mL 0.3%（m/v）酒石酸锑钾[$K(SbO)C_4H_4O_7·1/2H_2O$]溶液。最后用水稀释至 2L，盛于棕色瓶中，此为钼锑贮备液。

临用前（当天）称取 0.50g 抗坏血酸溶于 100mL 钼锑贮备液中，此为钼锑抗试剂，在室温下有效期为 24h，在 2~8℃ 冰箱中可贮存 7d。

④ 磷标准贮备溶液：将优级纯磷酸二氢钾（KH_2PO_4）于烘干箱中 110℃ 干燥 2h，在干燥器中放冷。称取 0.2197g 溶于水，移入 1000mL 容量瓶中。加 1+1 硫酸 5mL，用水稀释至标线。此溶液每毫升含 50.0μg 磷（以 P 计）。本溶液在玻璃瓶中可贮存至少 6 个月。

⑤ 磷酸盐标准使用溶液：吸取 10.0mL 的磷酸盐贮备液于 250mL 容量瓶中，用水稀释至标线。此溶液每毫升含 2.00μg 磷。临用时现配。

⑥ 0.5 mol·L^{-1} $NaHCO_3$（pH 值为 8.5）浸提剂：取 42.0g $NaHCO_3$ 溶于约 800mL 水中，稀释至 1L，用浓 NaOH 调节至 pH 值为 8.5（用 pH 计测定），贮于聚乙烯瓶或玻璃瓶中，用塞塞紧。该溶液久置会因失去 CO_2 而使 pH 值升高，所以如贮存期超过 20d，在使用前必须检查并校准 pH 值。

5.1.2.3　仪器设备

比色管、容量瓶、移液管、锥形瓶、紫外分光光度计（注：所有玻璃器皿均应用盐酸或硝酸浸泡）。

5.1.2.4　操作步骤

（1）标准曲线的绘制。

取 8 个 50mL 比色管，分别加入磷酸盐标准使用液 0.00，1.50，2.50，5.00，10.00，15.00，20.00，25.00mL，加 0.5mol·L^{-1} NaHCO$_3$（pH 值为 8.5）溶液定容至 50mL。该标准系列溶液中磷的浓度依次为 0.00，0.15，0.25，0.50，1.00，1.50，2.00，2.50mg·L^{-1}。

① 显色：吸取该标准系列溶液各 10.00mL 于容量瓶中，分别加入 5.00mL 钼锑抗显色剂，慢慢摇动，使 CO$_2$ 逸出。再加入 10.00mL 水，充分摇匀，逐尽 CO$_2$。在室温高于 15℃处静置 30min。

② 测量：用 10mm 光径比色杯在 660~770nm 波长（或红色滤光片）处测读吸光度，以空白溶液（10.00mL 0.5 mol·L^{-1} NaHCO$_3$溶液代替土壤滤出液）为参比，调节分光光度计的零点，测量吸光度。减去空白试验的吸光度，并从标准曲线上查出含磷量。然后以上述标准系列溶液的磷浓度为横坐标，相应的吸光度为纵坐标绘制校准曲线，或计算两个变量的直线回归方程。

（2）样品测定。

称取风干土样（1mm）2.50g 置于干燥的 150mL 锥形瓶中，加入 25℃±1℃的去离子水 125mL，于往复振荡机上振荡 30min ±1min 后立即用无磷干滤纸过滤到干燥的 150mL 锥形瓶中。在浸提土样的当天，吸取滤出液 10.00mL 同上处理显色，测度吸光度（见图 5-1-2）。

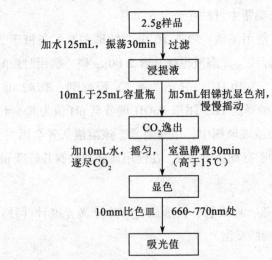

图 5-1-2 土壤有效磷分析流程图

5.1.2.5 结果计算

① 测得吸光度为0.023，查得$m=0.7121\mu g$

$$磷酸盐（P，mg \cdot L^{-1}）=\frac{m}{V}=\frac{0.7121}{50}=0.0142mg \cdot L^{-1}$$

式中：m——由标准曲线查得的磷量，μg；

V——水样体积，mL。

② 测得吸光度为0.096，查得$m=2.9721\mu g$

$$磷酸盐（P，mg \cdot L^{-1}）=\frac{m}{V}=\frac{2.9721}{50}=0.0594mg \cdot L^{-1}$$

③ 测得吸光度为0.216，查得$m=6.6873\mu g$

$$磷酸盐（P，mg \cdot L^{-1}）=\frac{m}{V}=\frac{6.6873}{50}=0.1337mg \cdot L^{-1}$$

④ 平均值：$\bar{x}=\dfrac{0.0142+0.0594+0.1337}{3}=0.0691mg \cdot L^{-1}$

⑤ 偏差：$d_1=x_1-\bar{x}=0.0142-0.0691=-0.0549$

$d_2=x_2-\bar{x}=0.0596-0.0691=-0.0095$

$d_3=x_3-\bar{x}=0.1337-0.0691=0.0646$

⑥ 相对平均偏差：$\dfrac{\bar{d}}{\bar{x}}=\dfrac{\dfrac{|-0.0549|+|-0.0095|+|0.0646|}{3}}{0.0691}\times100\%$

$=62.23\%$

5.1.3 酸性土壤速效磷

5.1.3.1 方法原理

NH_4F-HCl法主要提取酸溶性磷和吸附磷，包括大部分磷酸钙和一部分磷酸铝与磷酸铁。因为在酸性溶液中氟离子能与三价铝离子和铁离子形成络合物，促使磷酸铝和磷酸铁的溶解：

$$3NH_4F+3HF+AlPO_4 \longrightarrow H_3PO_4+[NH_4]_3AlF_6$$

$$3NH_4F+3HF+FePO_4 \longrightarrow H_3PO_4+[NH_4]_3FeF_6$$

溶液中磷与钼酸铵作用生成磷钼杂多酸，在一定酸度下被$SnCl_2$还原成磷钼蓝，蓝色深浅与磷的浓度成正比。

5.1.3.2 实验试剂

① 0.5 mol·L^{-1}盐酸溶液：20.2mL 浓盐酸用去离子水稀释至 500mL。

② 1 mol·L^{-1}氟化铵溶液：溶解 NH$_4$F 37g 于水中，稀释至 1L，贮存在塑料瓶中。

③ 浸提液：分别吸取 1.0 mol·L^{-1} NH$_4$F 溶液 15mL 和 0.5 mol·L^{-1}盐酸溶液 25mL，加入到 460mL 去离子水中，即 0.03 mol·L^{-1} NH$_4$F-0.025 mol·L^{-1} HCl 溶液。

④ 钼酸铵试剂：溶解钼酸铵（NH$_4$）$_6$MoO$_{24}$·4H$_2$O 15g 于 350mL 去离子水中，缓缓加入 10 mol·L^{-1} HCl 350mL，并搅动，冷却后，加水稀释至 1L，贮存于棕色瓶中。

⑤ 25g·L^{-1}氯化亚锡甘油溶液：溶解 SnCl$_2$·2H$_2$O 2.5g 于 10mL 浓盐酸中，待 SnCl$_2$全部溶解溶液透明后，再加化学纯甘油 90mL，混匀，贮存于棕色瓶中。

⑥ 50μg·mL^{-1}磷（P）标准溶液参照土壤全磷测定方法一：吸取 50μgmL 磷溶液 50mL 于 250mL 容量瓶中，加水稀释定容，即得 10g·mL^{-1}磷（P）标准溶液。

5.1.3.3 仪器设备

比色管、容量瓶、移液管、锥形瓶、紫外分光光度计。

注：所有玻璃器皿均应用盐酸或硝酸浸泡。

5.1.3.4 操作步骤

称 1.000g 土样，放入 20mL 试管中，加入浸提液 7mL。试管加塞后，摇动 1min，用无磷干滤纸过滤。如果滤液不清，可将滤液倒回滤纸上再过滤，吸取滤液 2mL，加去离子水 6mL 和钼酸铵试剂 2mL；混匀后，加氯化亚锡甘油溶液 1 滴，再混匀。在 5~15min 内，在分光光度计上用 700nm 波长进行比色。

标准曲线：分别准确吸取 10g·mL^{-1}磷（P）标准溶液 2.5、5.0、10.0、15.0、20.0 和 25.0mL，放入 50mL 容量瓶中，加水至刻度，配成 0.5、1.0、2.0、3.0、4.0、5.0μg·mL^{-1}磷（P）系列标准溶液。

分别吸取系列标准溶液各 2mL，加水 6mL 和钼试剂 2mL，再加 1 滴氯化亚锡甘油溶液进行显色，绘制标准曲线。

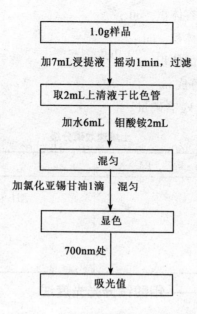

图 5-1-3　酸性土壤速效磷分析流程图

表 5-1-1　　　　　　　　磷的系列标准溶液（NH_4F-HCl 法）

标准磷溶液 / ($\mu g \cdot mL^{-1}$, P)	吸取标准溶液/mL	加水* /mL	钼酸铵试剂 /mL	最后溶液中磷的浓度 / ($\mu g \cdot mL^{-1}$, P)
0	2	6	2	0
0.5	2	6	2	0.1
1.0	2	6	2	0.2
2.0	2	6	2	0.4
3.0	2	6	2	0.6
4.0	2	6	2	0.8
5.0	2	6	2	1.0

＊包括 2mL 提取液。

5.1.3.5　结果计算

$$土壤速效磷（P）含量（mg \cdot kg^{-1}）= \frac{\rho \times 10 \times 7}{m \times 2 \times 10^3} \times 1000 = \rho \times 35$$

式中：ρ ——从标准曲线上查得磷的质量浓度，$\mu g \cdot mL^{-1}$；

　　　m ——风干土质量，g；

　　10——显色时定容体积，mL；

　　7——浸提剂的体积，mL；

　　2——吸取滤液的体积，mL；

　　10^3——将 μg 换算成 mg；

　　1000——换算成每 kg 含磷量。

表 5-1-2　　　　　　　　　　　　土壤速效磷分级

土壤速效磷/（mg·kg^{-1}，P）	等级
<3	很低
3~7	低
7~20	中等
>20	高

5.1.4　土壤磷形态——钼酸铵分光光度法

　　土壤形态采用 Tiessen 和 Moir 修正的 Hedley 分级方法测定。该方法将土壤磷分为水溶性磷（H_2O-P）、NaHCO₃ 提取态无机磷（$NaHCO_3-P_i$）、NaHCO₃ 提取态有机磷（$NaHCO_3-P_o$）、NaOH 提取态无机磷（$NaOH-P_i$）、NaOH 提取态有机磷（$NaOH-P_o$）、HCl 提取态磷（$HCl-P$）和残余态磷（Residual-P）7 种磷形态。

　　提取基本步骤：称取 0.5g 风干土样置于 100mL 离心管中，顺次用 30mL 去离子水、0.5 mol·L^{-1} NaHCO₃（pH 值为 8.2）、0.1 mol·L^{-1} NaOH 和 1 mol·L^{-1} HCl 分别提取。每次提取振荡时间为 16h，每次提取后离心，过滤分离悬液。去离子水、HCl 提取物中的磷用比色法直接测定；NaHCO₃ 和 NaOH 提取物中的磷包括有机磷和无机磷两种形态，用钼蓝比色法测定溶液中无机磷含量，经过硫酸钾消化后用比色法测定溶液中的总磷，二者之差为有机磷含量。残余态磷是土壤全磷与以上各种可提取磷总和的差值。

5.1.4.1　方法原理

　　在中性条件下用过硫酸钾使试样消解，将所含磷全部氧化为正磷酸盐。在酸性介质中，正磷酸盐与钼酸铵反应，在锑盐存在下生成磷钼杂多酸后，立即被抗坏血酸还原，生成蓝色的络合物。

5.1.4.2　实验试剂

　　（1）硫酸溶液。

1+1 硫酸用浓硫酸和水以 1：1 的比例配置。

（2）抗坏血酸溶液。

$\rho = 0.1 \text{g} \cdot \text{mL}^{-1}$

称取 10.0g 抗坏血酸溶于适量水中，溶解后加水至 100mL，混匀。该溶液贮存在棕色玻璃瓶中，在约 4℃ 可稳定贮存两周，若颜色变黄，则弃去重配。

（3）钼酸盐溶液。

称取 13.0g 钼酸铵溶于适量水中，溶解后加水至 100mL。称取 0.35g 酒石酸锑氧钾溶于适量水中，溶解后加水至 100mL。在不断搅拌下，将 100mL 钼酸铵溶液缓慢加入至已冷却的 300mL 1+1 硫酸溶液中，再加入 100mL 酒石酸锑氧钾溶液，混匀。该溶液置于棕色玻璃瓶中，在 4℃ 下可以稳定贮存 2 月。

（4）磷标准使用溶液。

称取 0.2197g±0.001g 于 110℃ 干燥 2h 并在干燥器中放冷的磷酸二氢钾，用水溶解后移入 1000mL 容量瓶，加入大约 800mL 水、5mL 1+1 硫酸，加水至标线，混匀。得到磷标准贮备溶液，该溶液贮存在棕色玻璃瓶中，在 4℃ 下可稳定 6 个月。再将 10mL 的磷标准溶液转移至 250mL 容量瓶中，用水稀释至标线并混匀。

5.1.4.3　仪器设备

往复式振荡机、压力锅、紫外分光光度计、50mL 具塞（磨口）刻度管。

5.1.4.4　分析步骤

（1）空白试样。

按规定进行空白试验，用水代替试样，并加入与测定时相同体积的试剂。

（2）水溶性磷（H_2O-P）测定。

称取 0.5g 风干土样置于 100mL 离心管中，加 30mL 的去离子水，振荡 16h 后，用离心机以 5000r·min^{-1} 的速度离心 10min。取离心后上层水样 25mL 于比色管中，分别加入 1mL 抗坏血酸溶液混匀，30s 后加 2mL 钼酸盐溶液充分混匀。室温下放置 15min 后，使用光程为 3mm 比色皿，在 700nm

波长下，以水做参比，测定吸光度，剔除空白试验的吸光度后，从工作曲线上查得磷的含量。

（3）NaHCO$_3$提取态无机磷（NaHCO$_3$-P$_i$）。

用去离子水小心清洗土样后，加入 30mL 的 pH 值约为 8.2 的 NaHCO$_3$溶液，振荡 16h 后，离心机以 5000r·min^{-1}的速度离心 10min。取 10mL 水样于比色管中，定容至 25mL。分别加入 1mL 抗坏血酸溶液混匀，30s 后加 2mL 钼酸盐溶液充分混匀。室温下放置 15min 后，使用光程为 3mm 比色皿，在 700nm 波长下，以水做参比，测定吸光值，剔除空白试验的吸光度后，从工作曲线上查得磷的含量。

（4）NaHCO$_3$提取态总磷。

消解：另取 10mL NaHCO$_3$提取态水样于比色管，定容至 25mL，再加入 4mL 过硫酸钾，将具塞刻度管的盖塞紧后，用一小块布和线将玻璃塞扎紧，放在大烧杯中置于高压蒸汽消毒器中加热，待压力达 1.1kg·cm^{-3}，相应温度为 120℃时，保持 30min 后停止加热。待压力表读数降至零后，取出待冷却，然后用水稀释至标线。

发色：分别加入 1mL 抗坏血酸溶液，混匀，30s 后加 2mL 钼酸盐溶液充分混匀。室温下放置 15min 后，使用光程为 3mm 比色皿，在 700nm 波长下，以水做参比，测定吸光值，扣除空白试验的吸光度后，从工作曲线上查得磷的含量。

（5）NaOH 提取态无机磷（NaOH-P$_i$）。

用去离子水小心清洗土样后，加入 30mL 的 0.1 mol·L^{-1} NaOH 溶液，操作测量步骤同（3）。

（6）NaOH 提取态总磷。

操作步骤同（4）。

（7）HCl 提取态磷（HCl-P）。

用去离子水小心清洗土样后，加入 30mL 的 1 mol·L^{-1}的 HCl 溶液，操作测量步骤同（2）。

（8）工作曲线的绘制。

取 7 支具塞刻度管分别加入 0.0，0.5，1.0，3.0，5.0，10.0，15.0mL 磷酸盐标准溶液，加水至 25mL。然后按照测定步骤进行处理。以水做参比，测定吸光度。剔除空白实验的吸光度后绘制工作曲线。

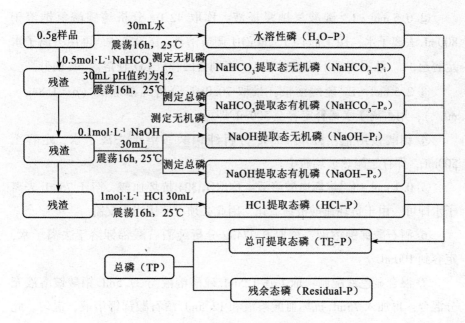

图 5-1-4　磷形态分析流程图

5.1.4.5　结果计算

磷的含量以 C（$mg \cdot L^{-1}$）表示，按下式计算：

$$C = \frac{m}{v}$$

式中：m——试样测得含磷量，μg；

　　　v——测定用试样体积，mL。

$NaHCO_3$ 提取态有机磷（$NaHCO_3-P_o$）= $NaHCO_3$ 提取态总磷-$NaHCO_3$ 提取态无机磷（$NaHCO_3-P_i$）

$NaOH$ 提取态有机磷（$NaOH-P_o$）= $NaOH$ 提取态总磷-$NaOH$ 提取态无机磷（$NaOH-P_i$）

残余态磷（Residual-P）= 土壤全磷-各种可提取磷总和

5.1.5　土壤微生物生物量磷-氯仿熏蒸浸提法

5.1.5.1　实验试剂

① 磷酸二氢钾溶液：称取 1.0984g 经 105℃ 烘干 2~3h 的分析纯 KH_2PO_4,溶于去离子水并定容至 1L。

② 0.5 mol·L⁻¹碳酸氢钠浸提液：称取 42.0g 分析纯碳酸氢钠溶于 800mL 去离子水，用 1 mol·L⁻¹ NaOH 调节溶液 pH 至 8.5，再用去离子水定容至 1L。该浸提液不能放置过久，否则会因释放 CO_2 使溶液 pH 值升高。

③ 2.5 mol·L⁻¹硫酸溶液：量取 70.0mL 分析纯浓硫酸（$\rho = 1.84$g·mL⁻¹），用去离子水稀释定容至 500mL 即可。

④ 钼酸铵溶液：称取 20.0g 分析纯钼酸铵溶于去离子水，定容至 500mL，保存于耐热玻璃瓶中。

⑤ 0.1 mol·L⁻¹抗坏血酸溶液：称取 1.32g 抗坏血酸，溶于 75mL 去离子水即可。由于抗坏血酸极易氧化，因此必须在使用当天配制。

⑥ 酒石酸锑钾溶液：称取 0.2743g 分析纯酒石酸锑钾溶于去离子水，定容到 100mL。

⑦ 混合显色液配制：取上述 125mL 硫酸溶液与 37.5mL 钼酸铵溶液充分混合，再加入 75mL 抗坏血酸溶液和 12.5mL 酒石酸锑钾溶液，混匀。此溶液保存时间不宜超过 24h。

⑧ 标准磷酸二氢钾溶液：称取经 105℃烘干 2~3h 的分析纯磷酸二氢钾 0.1757g，溶于去离子水，加入少量硫酸，用去离子水定容至 1L。得到浓度为 40μg P·mL⁻¹标准磷贮存液，置于 4℃条件下保存。取 50mL 贮存液稀释至 500mL，即得到浓度为 4μg P·mL⁻¹标准磷溶液，此溶液不宜久存。

5.1.5.2　仪器设备

分光光度计、离心机、塑料浸提瓶、容量瓶、烧杯，熏蒸、培养、提取等设备同上。

5.1.5.3　操作步骤

① 土壤前处理：同上。

② 熏蒸和浸提：称取相当于 4.0g 烘干基重经前处理的新鲜土壤（5.0g）3 份，分别置于 25mL 烧杯中，用去乙醇氯仿熏蒸 24h，除去氯仿。将土壤无损转入 125mL 塑料提取瓶中，加入 80mL 0.5 mol·L⁻¹ NaHCO₃浸提液（土水比 1∶20），置于往复式振荡器中振荡浸提 30min（300r·min⁻¹），用慢速定量滤纸过滤。如果滤液浑浊，可采用双层滤纸过滤，或先离心 8min（3500r·min⁻¹）后再过滤。在熏蒸的同时，另称取等量的土壤 6 份于浸提瓶中。其中 3 份作为不熏蒸"对照"，直接浸提剂进行浸提，浸提方法同

上。另3份用于测定外加正磷酸盐态无机磷（P_i）的回收率，具体操作是分别加入0.5mL 250μg P·mL^{-1} KH_2PO_4溶液（外加无机磷的量相当于25μg P·g^{-1}土），再加入80mL 0.5 mol·L^{-1} $NaHCO_3$浸提液进行浸提，浸提方法同上。过滤后的浸提液应立即进行测定，或者在4℃下保存。

③ 测定：吸取适量的浸提液（1.5~5mL）5mL于25mL容量瓶中，加入混合显色剂前，先加入适量的1 mol·L^{-1} HCl溶液进行中和，HCl溶液的加入量通常为浸提液体积的1/2，摇动以排除CO_2。然后加去离子水至约20mL，再加入4mL混合显色液，加去离子水定容，在25℃下显色30min，用分光光度计（UV8500Ⅱ型）在882nm波长处测量光吸收值。同时分别吸取0.00，0.25，0.50，1.00，1.50，2.00mL浓度为4μg P·mL^{-1}标准磷溶液于25mL容量瓶中。加入与样液等量的$NaHCO_3$浸提剂，同样加适量1 mol·L^{-1} HCl进行中和。按上述相同方法进行显色和比色，得到浓度为0.00，0.04，0.08，0.16，0.24，0.32μg P·mL^{-1}标准磷工作曲线。

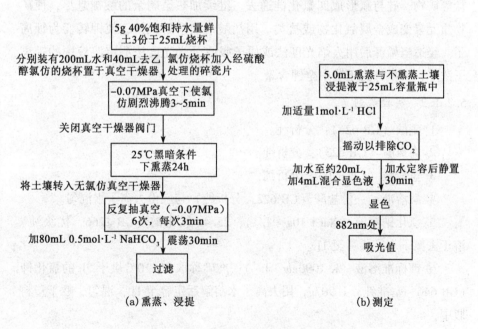

(a) 熏蒸、浸提   (b) 测定

图5-1-5 土壤微生物生物量磷分析流程图

5.1.5.4 结果计算

$$MB-P=\frac{E_{P_i}}{K_P \times R_{P_i}}$$

式中：E_{P_i}——熏蒸土壤提取的 P_i-不熏蒸土壤提取的 P_i；

R_{P_i}——[（加 P_i 的土壤提取的 P_i-未熏蒸土壤提取的 P_i）/25]
×100%；

K_P——转换系数，取 0.4。

5.2 土壤钾

5.2.1 土壤总钾

5.2.1.1 方法原理

土壤中的有机物先用硝酸和高氯酸加热氧化，然后用氢氟酸分解硅酸盐等矿物，硅与氟形成四氟化硅逸去。继续加热至剩余的酸被赶尽，使矿物质元素变成金属氧化物或盐类。用盐酸溶液溶解残渣，使钾转变为钾离子。经适当稀释后用火焰光度法或原子吸收分光光度法测定溶液中的钾离子浓度，再换算为土壤中全钾含量。

5.2.1.2 实验试剂

① 硝酸（GB 626）：分析纯。

② 高氯酸（GB 623）：分析纯。

③ 氢氟酸（GB 620）：分析纯。

④ 酸溶液：一份盐酸（GB 622，分析纯）与三份去离子水混匀。

⑤ 氯化钠溶液（NaCl 10g·L⁻¹）：25.4g 氯化钠（GB 1266，优级纯）溶于去离子水，稀释至 1L。

⑥ 钾标准溶液（K 1000mg·L⁻¹）：准确称取在 110℃ 烘干 2h 的氯化钾（GB 646，基准纯）1.907g，用去离子水溶解后定容至 1L，混匀，贮于塑料瓶中。

⑦ 72%（W/V）硼酸溶液：20.0g 硼酸（GB 628，分析纯）溶于去离子水，稀释至 1L。

5.2.1.3 仪器设备

分析天平；感量 0.0001g；坩埚或聚四氟乙烯坩埚（容积不小于 30mL）。

电热沙浴或铺有石棉布的电热板（温度可调）；火焰光度计或原子吸收分光光度计（应对仪器进行调试鉴定，性能指标合格）；塑料移液管（10mL）；容量瓶（50，100，1000mL）；刻度吸管（1，5，10mL）；玛瑙研钵（直径 8~12cm）；通风厨；土壤筛（孔径 1mm，0.149mm）。

5.2.1.4　操作步骤

（1）土壤样品制备。

将通过 1mm 孔径筛的风干土样在牛皮纸上铺成薄层，划分成许多小方格，用小勺在每个方格中取出约等量的土样（总量不少于 20g），置于玛瑙研钵中，研磨致使全部通过 0.149mm 孔径，混合均匀，盛入磨口瓶中备用。

（2）样品消解。

称取通过 0.149mm 孔径筛的风干土±0.1g，精确到 0.0001g，盛入铂坩埚或聚四氟乙烯坩埚中，加硝酸 3mL，高氯酸 0.5mL。置于电热沙浴或铺有石棉布的电热板上，于通风厨中加热至硝酸被赶尽，部分离氯酸分解出现大量的白烟，样品成糊状时，取下冷却。用塑料移液管加氢氟酸 5mL，再加高氯酸 0.5mL，置于 200~225℃沙浴上加热使硅酸盐等矿物分解后，继续加热至剩余的氢氟酸和高氯酸被赶尽。停止冒白烟时，取下冷却，加 3 mol·L^{-1}盐酸溶液 10mL，继续加热至残渣溶解。取下冷却，加 2% 硼酸溶液 2mL。用去离子水定量转入 100mL 容量瓶中，定容，混匀。此为土壤消解液。注：若残渣溶解不完全，应将溶液蒸干，再加氢氟酸 3~5mL，高氯酸 0.5mL，继续消解。同时按照上述方法制备试剂空白溶液。

（3）校准曲线的绘制。

准确吸取 1000mg·L^{-1}钾标准溶液 10mL 于 100mL 容量瓶中，用去离子水稀释定容，混匀。此为 100mg·L^{-1}钾标准液。根据所用仪器对钾的线性检测范围，将 100mg·L^{-1}钾标准液用去离子水稀释成不少于 5 种浓度的系列标准液。定容前，加入适量的氯化钠溶液和试剂空白溶液，使系列标准液的钠离子浓度为 1000mg·L^{-1}，试剂空白溶液与土壤的消解液等量。然后按仪器使用说明书进行测定，用系列标准溶液中钾浓度为零的溶液调节仪器零点。用方格坐标纸绘制校准曲线，或计算直线回归方程。

（4）钾的定量测定。

吸取一定量的土壤消解液，用去离子水稀释至使钾离子浓度相当于钾系列标准溶液的浓度范围，此为土壤待测液。定容前，加入适量的氯化钠溶液使钠离子浓度为 1000mg·L^{-1}。然后按仪器使用说明书进行测定，用系列标准溶液中钾浓度为零的溶液调节仪器零点。从校准曲线查出或从直线回归方程计算出待测液中钾的浓度。

另外称取土样按 GB 7172 测定土壤水分含量。

每份土样作不少于两次的平行测定。

5.2.1.5 结果计算

土壤全钾量的质量分数（按烘干土计算）由下式给出：

$$C \times \frac{V_1}{m} \times \frac{V_3}{V_2} \times 10^{-4} \times \frac{100}{100-H}$$

式中：C ——从校准曲线查得的土壤待测液钾含量，mg·L^{-1}；

V_1 ——消解液定容体积，mL；

V_2 ——消解液吸收量，mL；

V_3 ——待测液定容体积，mL；

m ——称样量，g；

10^{-4} ——由 mg·L^{-1} 换算为百分数的系数；

$\dfrac{100}{100-H}$ ——以风干土计换算成以烘干土计的系数，为风干土水分含量百

分数。

注意：用平行测定的结果的算术平均值表示，保留小数点后两位。两次平行测定允许绝对相差不超过 0.05%。

5.2.2 土壤速效钾

5.2.2.1 方法原理

以中性 1 mol·L^{-1} 乙酸铵溶液为浸提剂，使铵离子与土壤胶体表面的钾离子进行交换，连同水溶性钾离子一起进入溶液。浸出液中的钾可以直接用火焰光度测定。本方法测定结果在非石灰性土壤中为交换性钾，而在石灰性土壤中则为交换性钾加水溶性钾。

5.2.2.2 实验试剂

（1）浸提剂（1 mol·L^{-1} 乙酸铵，pH 值为 7.0）。

77.1g 乙酸铵（CH_3COONH_4，分析纯）溶于近 1L 水中，如 pH 值不是7，则用稀乙酸或稀氢氧化铵调节至 pH 值为 7.0，最后用水定容至 1L。

（2）钾标准溶液。

0.1907g 氯化钾（分析纯，110℃烘干 2h）溶于 1 mol·L^{-1}乙酸铵溶液中，并用它定容至 1L，即为含 100μg·mL^{-1}钾的乙酸溶液，使用时分别吸取此 100μg·mL^{-1}钾标准溶液 1，2.5，5，10，20mL 至 50mL 容量瓶中，用 1 mol·L^{-1}乙酸铵定容，得 2，5，10，20，40μg·mL^{-1}钾标准系列溶液。

（3）乙酸铵溶液。

5.2.2.3　仪器设备

火焰光度计，容量瓶。

5.2.2.4　操作步骤

① 称取 5.00g（精确到 0.01g）通过 2mm 筛孔的风干土样于浸提瓶中，加 50mL 1 mol·L^{-1}乙酸铵溶液，加塞振荡 30min，用干滤纸过滤，滤液直接供火焰光度计测钾用，记录检流计读数（见图 5-2-1）。从工作曲线上查得待测液的钾浓度（μg·mL^{-1}）。

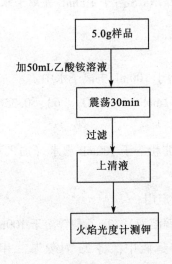

图 5-2-1　土壤速效钾分析流程图

② 工作曲线的绘制：将配制好的钾标准系列溶液，用 0μg·mL^{-1}钾标准系列溶液调火焰光度计上检流计读数到零，然后由稀到浓依序测定钾标准系列溶液的检流计读数。在方格纸上以检流计读数为纵坐标，钾浓度（μg·mL^{-1}）为横坐标，绘制工作曲线。

5.2.2.5 结果计算

$$W_K = \frac{c \times V}{m_1 \times K_2 \times 10^3} \times 1000$$

式中：W_K——速效钾（K）含量，$mg \cdot kg^{-1}$；

c——从工作曲线上查得测读液钾的浓度，$\mu g \cdot mL^{-1}$；

V——浸提剂体积，50mL；

K_2——将风干土样换算成烘干土样中水分换算系数；

m_1——风干土样质量，g。

5.3 土壤硫

5.3.1 水溶液中硫化物——分光光度法

5.3.1.1 实验试剂

① 0.1N Na_2S：2.402g Na_2S 溶于 100mL 去离子水，保存时用氮气去除瓶内空气。

② 浓 H_2SO_4（98%）。

③ 10% KI：10g KI 溶于 100mL 去离子水中。

④ 0.1N KIO_3（= 0.1mol $\cdot$ L^{-1} KIO_3：6）：0.3566g 溶于 100mL 去离子水。

⑤ 1%淀粉溶液：1g 淀粉溶于 100mL 沸水（加入 0.5mL 甲醛以延长其保存时间）临用现配。

⑥ 0.1N $Na_2S_2O_3$：标定用。

⑦ pH 缓冲剂（乙酸锌溶液）：2g 乙酸锌溶于 100mL 去离子水中。

⑧ 胺试剂：在 1L 容量瓶中，将 2g 对氨基二甲基苯胺盐酸盐溶于 200mL 去离子水，加入 200mL 浓硫酸，冷却后定容到 1L。

⑨ 硫酸铁铵溶液：50g $NH_4Fe(SO_4)_2 \cdot 12H_2O$ 溶于含有 10mL 浓硫酸的去离子水中，定容至 500mL。

⑩ 标液（0.1mol $\cdot$ L^{-1} Na_2S）：取一定量结晶状硫化钠于小烧杯或漏斗中，用水淋洗去除表面杂质，用干滤纸吸去水分后称取一定量配制溶液。

⑪中间液（1mmol $\cdot$ L^{-1}）：取标准贮藏液 1mL 稀释到 100mL。

5.3.1.2　标定

（1）标定空白。

① 分别移取 10mL 的 KI 和 KIO_3 溶液置于 300mL 锥形瓶中（混匀）。

② 用去离子水补充至 200mL 左右。

③ 缓慢加入 0.5mL 浓 H_2SO_4 溶液。

④ 加入 1mL 1% 淀粉溶液。

⑤ 用 0.1N $Na_2S_2O_3$ 溶液滴定蓝色（蓝黑色）至无色，记录所用体积 V_b。

（2）硫化物标准溶液的标定。

与（1）相同步骤，在加入淀粉溶液后加入 2mL 0.1mol·L^{-1} 的 Na_2S 溶液再用 $Na_2S_2O_3$ 进行滴定溶液至无色，记录所用体积 V_s

计算公式：

$$t = \frac{(V_b - V_s) \times C_{Na_2S_2O_3}}{V_{Na_2S} \times 2 \times C_{Na_2S}}$$

式中：t ——标定所得 Na_2S 的浓度，mol·L^{-1}；

$\quad V_b$ ——滴定空白时所用的 $Na_2S_2O_3$ 体积，mL；

$\quad V_s$ ——加入 Na_2S 后滴定所用 $Na_2S_2O_3$ 体积，mL；

$C_{Na_2S_2O_3}$ ——配制的 $Na_2S_2O_3$ 的浓度，mol·L^{-1}；

$\quad V_{Na_2S}$ ——标定时加入的 Na_2S 的体积，mL；

$\quad C_{Na_2S}$ ——标定时加入的 Na_2S 的浓度，mol·L^{-1}。

注意：滴定空白和样品时各做 3 个平行试验。

5.3.1.3　操作步骤

① 于比色管中加入 750μL 乙酸锌溶液。

② 加入 2mL 样品。

③ 加入 400μL 胺试剂。

④ 加入 50μL 硫酸铁铵溶液。

⑤ 盖上盖子，摇匀，放置 60min，在 665nm 处测定吸光值。

⑥ 标准曲线。

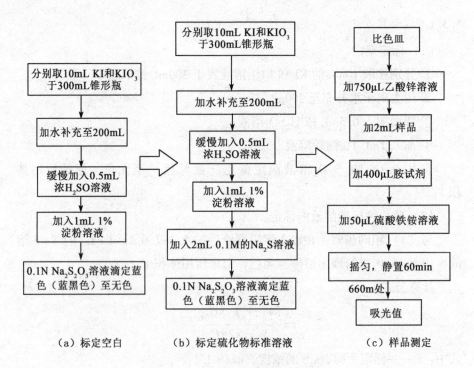

（a）标定空白　　　　　（b）标定硫化物标准溶液　　　（c）样品测定

图 5-3-1　水中硫化物分析流程图

表 5-3-1　　　　　　　　　　　　标准溶液的浓度与体积

最终浓度/（μmol·L^{-1}）	标液体积/μL	水体积/μL
1.25	2.5	1997.5
2.5	5	1995
5	10	1990
12.5	25	1975
25	50	1950
50	100	1900
100	200	1800
250	500	1500

5.4　土壤铁

5.4.1　水溶液中 Fe^{2+} 和 Fe^{3+}——菲啰嗪法

5.4.1.1　方法原理

在 pH 值为 4~10 范围内，Fe^{2+} 可以和菲啰嗪反应生成一种稳定的紫红色络合物，该络合物在 562nm 处获得最大吸收值。Fe^{2+} 浓度范围在 0 ~ 100μmol · L^{-1} 内的吸光值成线性相关。用盐酸羟胺将溶液中的 Fe^{3+} 还原为 Fe^{2+} 即可获得总 Fe 含量。

5.4.1.2　实验试剂

① 1mol · L^{-1} HCl。

② 10%（w/v）盐酸羟胺溶液：10g 盐酸羟胺（粉末）溶解于 100mL 1mol · L^{-1} HCl。

③ 50%（w/v）菲啰嗪溶液：50g 乙酸铵（粉末状，缓冲酸性样品）溶于 100mL 超纯水，待乙酸铵完全溶解后加入 0.1g 菲啰嗪（粉末状）。

盐酸羟胺和菲啰嗪溶液应用锡箔纸包裹，置于 4℃ 冰箱避光保存，最多可保存 6 周。每两周做一条新的标线。

④ 标准溶液：100mmol · L^{-1} $FeCl_2$ 标准溶液，将 $FeCl_2$ 溶于盐酸羟胺溶液中。

5.4.1.3　操作步骤

每个样品测定 3 次。

（1）总 Fe。

① 每个比色管加入 80μL 盐酸羟胺溶液；

② 加入 20μL 标液/样品溶液，再置于黑暗中避光保存 30min；

③ 加入 100μL 菲啰嗪溶液，再置于黑暗中避光保存 5min；

④ 在 562nm 处测定吸光值。

（2）Fe^{2+}。

① 每个比色管加入 80μL 1mol · L^{-1} HCl 溶液；

② 加入 20μL 标液/样品溶液；

③ 加入 100μL 菲啰嗪溶液，再置于黑暗中避光保存 5min；

④ 在 562nm 处测定吸光值。

注意：① 测定过程中加入溶液的体积按实际需要放大相同倍数；

② 用去离子水做空白参照；

③ 标线需要做两条，一条为 Fe^{2+} 的标准曲线，另一条为总铁的标准曲线；

④ 计算最终浓度的时候包括 $1mol \cdot L^{-1}$ HCl 稀释的倍数。

（3）标准曲线。

准备 7 份用 $1mol \cdot L^{-1}$ HCl 酸化稀释后不同浓度的 Fe^{2+} 标准溶液。

① Fe^{2+} 最终浓度：$0 \sim 100\mu mol \cdot L^{-1}$；

② 一般稀释倍数为 $1:10$，即标液浓度为 $0 \sim 1000\mu mol \cdot L^{-1}$；

③ 若溶液样品必须稀释倍数为 $1:x$，控制标液也稀释同样的倍数；

④ 标液能够贮存几周甚至几个月。

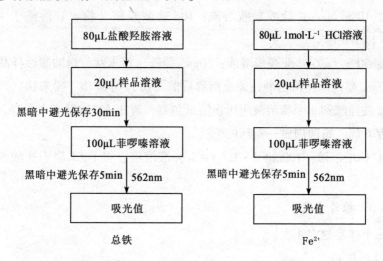

图 5-4-1　水溶液中 Fe^{2+} 和 Fe^{3+} 分析流程图

本章参考文献

[1]　中华人民共和国环境保护部.土壤总磷的测定碱熔-钼锑抗分光光度法:HJ 632—2011[S].北京:中国环境科学出版社,2011.

[2]　鲁如坤.土壤农业化学分析方法[M].北京:中国农业科技出版社,2000.

[3]　沈志群,张琪,刘琳娟,等.碳酸氢钠浸提-钼锑抗分光光度法测定土壤中的有效磷[J].环境监控与预警, 2011,3(5):12-15.

[4]　夏作飞,朱启群.对盐酸-氟化铵测磷法的改进[J].土壤,1995(3):161-163.

[5]　吴金水.土壤微生物生物量测定方法及其应用[M].北京:气象出版社,2006.

[6]　郝卓敏.土壤速效钾的测定[J].赤峰学院学报:汉文哲学社会科学版,2000(3):81-82.

[7]　刘球英,骆艳娥.改进 Ferrozine 法测定溶液中的二价铁、三价铁及总铁[J].科学技术与工程,2016,16(10):85-88.

[8]　HOLFORD I C R.Soil phosphorus:its measurement,and its uptake by plants [J].Soil research,1997,35(2):227-240.

[9]　ANASTÁCIO A S,HARRIS B,YOO H I,et al.Limitations of the ferrozine method for quantitative assay of mineral systems for ferrous and total iron [J]. Geochimica Et cosmochimica acta,2008,72(20):5001-5008.

[10]　HEGLER F,POSTH NR,JIANG J,et al.Physiology of phototrophic iron (Ⅱ)-oxidizing bacteria:implications for modern and ancient environments [J].FEMS microbiology ecology,2008,66(2):250-260.

[11]　VIOLLIER E,INGLETT P,HUNTER K,et al.The ferrozine method revisited:Fe(Ⅱ)/Fe(Ⅲ) determination in natural waters[J].Applied geochemistry,2000,15(6):785-790.

[12]　TIESSEN H.Characterization of available P by sequential extraction[J].Soil sampling & methods of analysis,1993(7):225-229.

第6章　土壤生物学性质

6.1　微生物多样性——PLFA

6.1.1　方法原理

磷脂脂肪酸（PLFA）是活体微生物细胞膜的重要组分，不同类群的微生物可通过不同的生化途径合成不同的 PLFA。PLFA 是磷脂的构成成分，它具有结构多样性和生物特异性，PLFA 的存在及其丰度可揭示特定生物或生物种群的存在及其丰度。磷脂会在细胞死亡后快速降解（厌氧条件下约需 2d，而好氧条件下需 12~16d）。故用以表征微生物群落中"存活"的那部分群体。

总之，通过对 PLFA 的定量测定可完成对微生物活细胞生物量的测定。通过根据 PLFA 分析的种类了解土壤、常态微生物群落结构。

6.1.2　实验试剂（每1个土样所需用量）

① 氯仿。

② 甲醇。

③ 正己烷。

④ 0.2mol·L⁻¹KOH 甲醇溶液：0.34g KOH 溶于 30mL 甲醇。

⑤ 1mol·L⁻¹冰醋酸：1.74mL 冰醋酸溶于 30mL 去离子水（现用现配）。

⑥ 1∶1 的甲醇—甲苯溶液（现用现配）（30mL）。

⑦ 0.15mol·L⁻¹ pH 值为 4.0 的柠檬酸缓冲液：准确称取 20.66g 柠檬酸，15.23g 柠檬酸钠，加去离子水定容至 1000mL。

⑧ 提取液：柠檬酸缓冲液∶氯仿∶甲醇＝0. 8∶1∶2（体积比）（约850mL）。

⑨ 硅胶柱（0. 8g，100～200 目）：于 120℃烘干 2h 进行活化，并于干燥器中保存。

⑩ 正十九酸甲酯（19∶0，Sigma）：190μg · mL^{-1}。

37 种脂肪酸甲酯混标：1000μg · mL^{-1}。

Supelcoe BAME（bacterial acid methyl esters）mix：1000μg · mL^{-1}。

上 GC 前：取 30μL 19∶0 脂肪酸甲酯 + 150μL 37 种脂肪酸甲酯混标定量标准。

6.1.3　仪器设备

离心管、漩涡振荡机、复式振荡机、离心机、玻璃移液管、硅酸柱、玻璃棉、铝箔、通风柜、真空干燥器、PLFA 接受试管、氮气和氮吹仪、水浴锅、滴管、GC 小瓶、试管架、气相色谱仪等。

6.1.4　操作步骤

步骤 1。

所有的器皿用去离子水和正己烷清洗，玻璃管用锡箔纸包好，并编号。

土壤样品冻干后，于干燥器中保存。

步骤 2：从全土样品中提取脂肪酸。

第一天（6 个样品+1 个控制样+1 个空白；每个样品三次重复）

① 准确称取冻干土样 5g，倒入 50mL 玻璃三角瓶。

土壤样品质量应该准确记录。

不同样品和处理编号应该一一对应，且应防止字迹被有机溶剂溶去。

② 戴防毒面具。于每个样品管中加浸提液 20mL。

③ 避光振荡 2h：小心放置以期达到最佳振荡效果。

④ 25℃，2500r · min^{-1}离心 10min。

⑤ 尽可能避光，取上清液加入 50mL 具盖离心管中，于离心管外壁与盖上清楚地标记编号。

⑥ 于土壤沉淀中再次加入浸提液 12mL，充分振荡 1h。

⑦ 提取液再次离心，将上清液合并。

⑧ 于合并的上清液中加入 8. 6mL 柠檬酸缓冲液、10. 6mL 氯仿。

⑨ 振荡离心管 1min（盖子盖紧），定时放气（vent periodically）。

⑩ 于黑暗（外加铝箔）中静置过夜，使两相分离。远离热源。

第二天。

① 戴防毒面具。用吸管将上层（约 2/3）吸出，尽可能多地将上层吸出。不同土壤样品用不同的吸管，保留下层的氯仿层，在氯仿层中勿留水相（水分子会攻击脂肪酸的双键）。

② 用 N_2 将氯仿层吹干，尽量避免光干扰。可以辅以加热，但温度不宜超过 30℃（若中途要停止 N_2 吹干，则应保证装有氯仿层的离心管充满 N_2。因为空气中的氧可以损坏脂肪酸的结构）。

步骤 3：PLFA 的硅酸柱的分离。

第三天。

① 硅胶的活化：将已经装好硅酸胶（0.8g）的玻璃柱于 120℃烘干 2h；冷却后置于干燥器内备用。

② 戴防毒面具，用 5mL 氯仿预处理柱子。

③ 将提取物以氯仿 5mL（至少分 5 次）转移到柱中。

④ 加 8mL 氯仿于硅胶柱中，并使其在重力作用下流出。

⑤ 加 16mL 丙酮（分两次加入，一次 8mL），不要完全排干硅酸柱。

⑥ 用甲醇清洗柱子出口。

⑦ 用接收瓶收集 PLFA，而氯仿与丙酮洗脱液可以丢弃。

⑧ 在硅酸柱中加 8mL 甲醇，收集甲醇洗脱液；并于收集管上标明样品编号与日期。

⑨ 在 N_2 下吹干甲醇。–20℃，黑暗冷藏。

步骤 4：酯化。

第四天（40 个样品，约用时 3/4 天）。

① 用防毒面具。将冻干的脂类样品溶解在 1mL 甲醇：甲苯（1：1）和 1mL 0.2mol·L^{-1} KOH 甲醇溶液中；在加入液体时，应直接加入管的底部，并短暂混匀。

② 加热至 35℃，15min（水浴时，应避免甲苯等有机溶剂漏出而至污染）。

③ 冷却至室温。

④ 2mL 去离子水和 0.3mL 1mol·L^{-1} HAC，加 2mL 正己烷，旋涡混匀 30s，提取上层甲基酯化脂肪酸（FAMEs）。

⑤ 2500r·min^{-1}，离心 10min。

⑥ 将上层正己烷溶液转移至 4mL 具盖的 GC 衍生瓶中。每个样品用一个吸管，以防止污染。注意编好号。不要将任何下层的物质转移至衍生瓶中，可以为此而损失部分上层正己烷。

⑦ 重复步骤④~⑥一次。这样可以洗去水相，并将所有的脂类全部转移。

⑧ 合并正己烷，35℃下用 N$_2$ 吹干，-20℃、黑暗中保存。

⑨ GC 分析前，加入适量（150μL）正己烷溶解，加 50μL 160μg·mL^{-1} 19：0甲基酯做内标。取 50μL 19：0脂肪酸甲酯+150μL 37Componet FAMEs 定量标准。

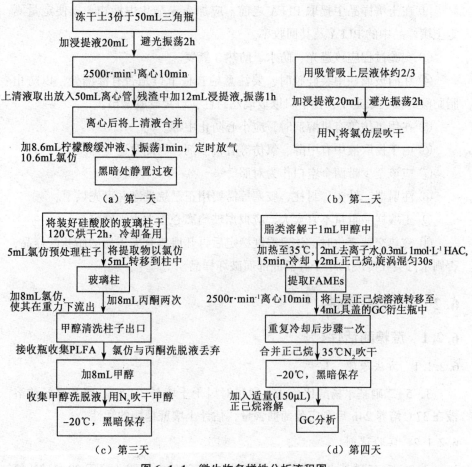

图 6-1-1　微生物多样性分析流程图

步骤 5：转移至 GC 瓶中。

第六天：将每个样品分装入两个 2mL 的 GC 衍生瓶中（最好内部有衬管）；以便在有突发事件时，仍然有剩余的样品而有再次重复实验的余地。

步骤 6：GC 分析。

色谱条件：HP-5 柱（30.0m×320um×0.25um），进样量 1μL，分流比 10∶1，载气（N_2）流速 0.8mL·min^{-1}。初始温度 140℃维持 3min，分 4 个阶段程序性升温：140～190℃，4℃·min^{-1}，保持 1min；190～230℃，3℃·min^{-1}，保持 1min；230～250℃，2℃·min^{-1}，保持 2min；250～300℃，10℃·min^{-1}，保持 1min。火焰离子检测器（FID）检测。

注意：① 所有容器应避免用洗衣粉清洗；在使用前应用正己烷清洗并烘干。

② 在土壤样品中提取 PLFA 之前，应加入未酯化内标物，以便定量测定土壤样品中的 PLFA 及其回收率。

③ 实验过程应该避光、防水、防热、氧气。

④ 在向玻璃柱中装硅胶时，要注意检查柱下口是否有渗漏处，以防止脂肪酸的损失或走干；柱下口以玻璃丝封柱，以免硅胶漏出。

⑤ 在用氯仿等有机溶剂时，应小心防止中毒。

⑥ 由于提取液中有甲醇、氯仿等有机溶剂，因此要避免挥发。

⑦ 应该至少带两个空白作为对照。

⑧ 注射器、针头、封柱、胶塞等需要用正己烷洗净并事先烘干。

⑨ 土壤样品重量不宜太大，应根据玻璃离心管大小来确定。

⑩ 冷热交替变化时，注意湿度稳定后再开启盛有冻干后的脂肪酸样品，否则水汽会在冷凝后结于容器底部而破坏样品。

6.2　土壤酶活性

6.2.1　蔗糖酶活性

6.2.1.1　方法原理

3，5-二硝基水杨酸比色法：通过对风干土壤与 3，5-二硝基水杨酸溶液在 37℃培养 24h 后测定葡萄糖含量，估计土壤蔗糖酶的活性。

6.2.1.2　实验试剂

① 3，5-二硝基水杨酸溶液：称 0.5g 二硝基水杨酸，溶于 20mL 2N 氢

氧化钠和 50mL 水中，加 30g 的酒石酸钾钠，用水稀释至 100mL。（不超过七天）。

② 2N 氢氧化钠。

③ pH 值为 5.5 磷酸缓冲溶液：1/15 mol·L^{-1} 磷酸氢二钠（11.867g Na$_2$HPO$_4$·2H$_2$O 溶于 1L 去离子水中）0.5mL 加 1/15 mol·L^{-1} 磷酸二氢钾（9.078g KH$_2$PO$_4$ 溶于 1L 去离子水中）9.5mL 即成。

④ 8% 蔗糖溶液。

⑤ 甲苯。

⑥ 标准葡萄糖溶液：将葡萄糖先在 50~58℃ 条件下，真空干燥至恒重。然后取 500mg 溶于 100mL 苯甲酸溶液中（5mL 还原糖），即成标准葡萄糖溶液。

⑦ 葡萄糖工作溶液：再取标准溶液 0.1，0.2，0.3，0.4，0.4mL 用水稀释到 50mL，即制成 1mL 含 0.01~0.05mg 葡萄糖工作溶液。

6.2.1.3 仪器设备

分光光度计、水浴锅、恒温培养箱、离心机、50mL 比色管等。

6.2.1.4 标准曲线绘制

取 1mL 不同浓度的工作液，并按与测定蔗糖酶活性同样的方法进行显色，比色后以光密度值为纵坐标，葡萄糖浓度为横坐标绘制成标准曲线（见图 6-2-1）。

图 6-2-1 待测蔗糖酶标线溶液

6.2.1.5 操作步骤

① 称 5g 风干土，置于 50mL 的三角瓶中，注入 15mL 8% 蔗糖溶液，

5mL pH 值为 5.5 磷酸缓冲溶液和 5 滴甲苯。摇匀混合物后，放入恒温箱，在 37℃下培养 24h。到时取出，迅速过滤。从中吸取滤液 1mL，注入 50mL 比色管中，加 3mL 3，5-二硝基水杨酸溶液，并在沸腾的水浴锅中加热 5min，随即将容量瓶移至自来水流下冷却 3min。

②溶液因生成 3-氨基，5-硝基水杨酸而呈橙黄色，最后用去离子水稀释至 50mL，并在分光光度计上于波长 508nm 处进行比色。

注意：为了消除土壤中原有的蔗糖、葡萄糖引起的误差，每份土样需做无基质对照，整个实验需做无土对照。

无土对照：不加土样，其他操作与样品实验相同。

无基质对照：以等体积的水代替基质，其他操作与样品实验相同。

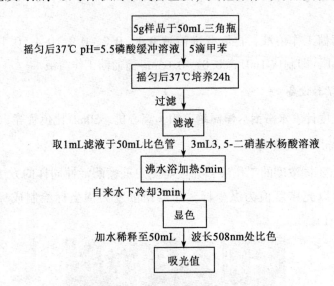

图 6-2-2 蔗糖酶活性分析流程图

6.2.1.6 结果计算

蔗糖酶活性以 24h 后 1g 土壤葡萄糖的毫克数表示：

$$葡萄糖（mg）= a×4$$

式中：a——从标准曲线查得的葡萄糖毫克数，mg；

4——换算成 1g 土的系数。

6.2.2　脲酶活性

6.2.2.1　方法原理

靛酚比色法：通过对风干土壤与氮溶液在37℃培养24h后测定铵态氮含量，估计土壤脲酶的活性。

6.2.2.2　实验试剂

① 甲苯。

② 10%尿素：称取10g尿素，用水溶至100mL。

③ pH值为6.7柠檬酸盐缓冲液：184g柠檬酸和147.5g氢氧化钾分别溶于去离子水。将两溶液合并，用1 mol·L^{-1}氢氧化钠将pH值调至6.7，用水稀释至1000mL。

④ 1.35 mol·L^{-1}苯酚钠溶液：62.5g苯酚溶于少量乙醇，加2mL甲醇和18.5mL丙酮，用乙醇稀释至100mL（A液），存于冰箱中；27g NaOH溶于100mL水中（B液）。将A，B溶液保存在冰箱中。使用前将A，B溶液各20mL混合，用去离子水稀释至100mL。

⑤ 次氯酸钠溶液：用水稀释试剂至活性氯的浓度为0.9%，待溶液稳定。

⑥ 氮的标准溶液：精确称取0.4717g硫酸铵溶于水并稀释至1000mL，得到1mL含有0.1mg氮的标准液。

6.2.2.3　仪器设备

分光光度计、恒温培养箱、离心机、50mL比色管等。

6.2.2.4　操作步骤

标准曲线绘制

吸取配置好的氮溶液10mL，定容至100mL，即稀释了10倍。吸取1，3，5，7，9，11，13mL稀释后的氮溶液移至50mL容量瓶，加水至20mL，再加入4mL苯酚钠，仔细混合；加入3mL次氯酸钠，充分摇荡，放置20min，用水稀释至刻度。将着色液在紫外分光光度计上于578nm处进行吸光值测定，以标准溶液浓度为横坐标，以光密度值为纵坐标绘制曲线图。

① 称取5g过1mm筛的风干土样于100mL容量瓶中，向容量瓶中加入1mL甲苯（以能全部使土样湿润为度）并放置15min。之后加入10mL 10%

图 6-2-3 待测脲酶标线溶液

尿素溶液和 20mL 柠檬酸缓冲液（pH 值为 6.7），并仔细混合。将容量瓶放入 37℃ 恒温箱中，培养 24h。

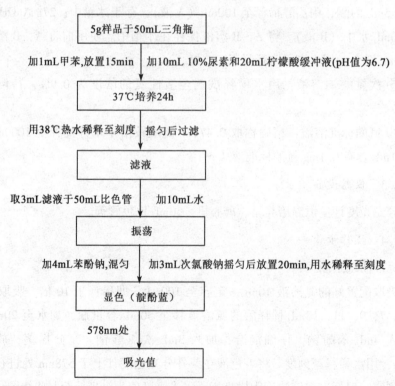

图 6-2-4 脲酶活性分析流程图

② 培养结束后，用 38℃ 热水稀释至刻度，仔细摇荡，并将悬液用致密滤纸过滤，滤液用三角瓶收集。吸取 3mL 滤液于 50mL 比色管中，加入 10mL 去离子水，充分振荡，然后加入 4mL 苯酚钠，仔细混合，再加入 3mL 次氯酸钠，充分摇荡，放置 20min，用水稀释至刻度，溶液呈现（靛）酚的蓝色。

③（靛）酚的蓝色在 1h 内保持稳定，在分光光度计上用 10mm 液槽于 578nm 处将显色液进行光吸收值测定。

注意：为了消除土壤中原有的蔗糖、葡萄糖引起的误差，每一土样需做无基质对照，整个实验需做无土对照。

无土对照：不加土样，其他操作与样品实验相同。

无基质对照：以等体积的水代替基质，其他操作与样品实验相同。

6.2.2.5　结果计算

脲酶活性以 24h 后 1g 土壤中 NH_3-N 的 mg 数表示：

$$NH_3-N（mg）= a×2$$

式中：a——从标准曲线查得 NH3-N 毫克数，mg；

　　　　2——换算成 1g 土的系数。

6.2.3　蛋白酶活性

6.2.3.1　方法原理

茚三酮比色法：通过对风干土壤与甘氨酸溶液在 37℃ 培养 24h 后测定氨基氮含量，估计土壤蛋白酶的活性。

6.2.3.2　实验试剂

① 1% 的酪素溶液：用 pH 值为 7.4 的 0.2 mol·L^{-1} 磷酸盐缓冲溶液配制。

② pH 值为 7.4 的 0.2mol·L^{-1} 磷酸盐缓冲溶液：0.2 mol·L^{-1} 磷酸氢二钠（27.8g Na_2HPO_4 溶于 1L 去离子水中）19mL 加 0.2 mol·L^{-1} 磷酸二氢钾（27.2g KH_2PO_4 溶于 1L 去离子水中）81mL 即成。

③ 0.1N 硫酸。

④ 20% 硫酸钠。

⑤ 2% 茚三酮液：2g 茚三酮溶于 100mL 丙酮。

⑥ 甲苯。

⑦ 甘氨酸标准溶液：取 0.1g 甘氨酸溶液水中，定容 1L，则得 1mL 含 0.02mg 氨基氮的标准液。再稀释 10 倍做成工作液。

6.2.3.3 仪器设备

分光光度计、水浴锅、恒温培养箱、离心机、50mL 比色管等。

6.2.3.4 操作步骤

标准曲线的绘制。分别吸取工作液 1，3，5，7，9，13mL 移于 50mL 容量瓶中，加 1mL 的茚三酮，冲洗瓶颈后在沸水浴上加热 10min，将获得的着色溶液用去离子水稀释至刻度（见图 6-2-5）。在分光光度计上于 500nm 处测定光吸收值。以光密度为纵坐标，以氨基氮浓度为横坐标，绘制曲线。

图 6-2-5 沸水浴加热

① 称 4g 风干土，置于 50mL 比色管中，加 20mL 1%酪素溶液和 1mL 甲苯，在 30℃恒温箱中培养 24h。

② 培养结束后，于混合物中加 2mL 0.1 mol·L⁻¹ 硫酸和 12mL 20%硫酸钠液，以沉淀蛋白质，然后离心 15min（6000r·min⁻¹）。

③ 取上清液 2mL，置于 50mL 容量瓶中，按绘制标准曲线显色的方法进行比色测定。

注意：为了消除土壤中原来含有的氨基氮引起的误差，每一土样需做无基质对照，整个实验需做无土对照。

无土对照：不加土样，其他操作与样品实验相同。

无基质对照：以等体积的水代替基质，其他操作与样品实验相同。

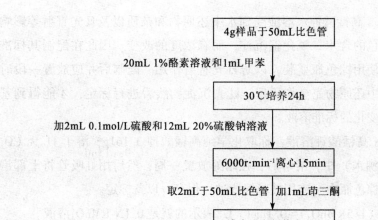

图 6-2-6 蛋白酶活性分析流程图

6.2.3.5 结果计算

蛋白酶活性，以 24h 后 1g 土壤中 NH_3-N 的毫克数表示：

$$NH_2-N（mg）= a×5$$

式中：a——从标准曲线查的 NH_3-N 毫克数，mg；

      5——换算成 1g 土的系数。

6.2.4 过氧化氢酶活性

6.2.4.1 方法原理

容量法（高锰酸钾滴定法）：通过对风干土壤与高锰酸钾溶液在反应后测定过氧化氢含量，估计土壤过氧化氢酶的活性。

6.2.4.2 实验试剂

① 0.3%过氧化氢溶液：按照 1 : 100 将 30%的 H_2O_2 用水稀释。

② 3N 硫酸（1.5 mol·L^{-1} H_2SO_4）：以配 1L 为例，需要的浓硫酸为 1.5 ×98.08/1.83mL＝80.39mL，可以取 80mL。$KMnO_4$ 的分子量为 158.026，当

量为31.605。高锰酸钾水溶液受到水中还原物和杂质以及日光直射等影响能解析出棕色的含水二氧化锰沉淀，而有浓度的改变。因此在配制其标准溶液时必须使用棕色瓶盛装，以防日光直射作用。配制后并应放置一段时间，待与水中还原物完全作用后，滤去沉淀，然后进行标定，才能得到基本稳定不易变化的标准溶液。

③ 0.1N 高锰酸钾溶液：称取化学纯高锰酸钾 3.161g，溶于 1L 无 CO_2 去离子水（沸水）中，溶解后，在暗处放置一周，然后用虹吸管将上部澄清溶液移于棕色瓶中（或用玻璃棉滤过）保存，以备标定。

注意：$c(1/5KMnO_4) = 0.1mol \cdot L^{-1}$ 表示的就是 0.1N $KMnO_4$ 溶液。

6.2.4.3 仪器设备

复式振荡机、50mL 三角瓶等。

6.2.4.4 操作步骤

(1) 0.1N $KMnO_4$ 溶液标定（GB/T601—2002）。

称取 0.2000g（准至 0.0001g）于 105~110℃ 烘至恒重的基准草酸钠。溶于 100mL（8+92）硫酸溶液中，用配制好的 0.1 mol·L⁻¹ 高锰酸钾溶液滴定，近终点时加热至 65℃，继续滴定至溶液呈粉红色保持 30s，同时做空白试验（不加草酸钠，其他相同）。

高锰酸钾溶液标准浓度按下式计算：

$$c(1/5KMnO_4) = \frac{m \times 1000}{(V_1 - V_2) \times M}$$

式中：c (1/5$KMnO_4$) ——高锰酸钾标准液之物质的量浓度，mol·L⁻¹；

   m ——草酸钠之质量，g；

   V_1 ——滴定草酸钠消耗的高锰酸钾溶液之用量，mL；

   V_2 ——空白试验用高锰酸钾溶液之用量，mL；

   M ——草酸钠的摩尔质量的数值，单位为，g·mol⁻¹，[M (1/2Na_2 C_2O_4) = 66.999]；

或者

$$c(1/5KMnO_4) = \frac{m}{(V_1 - V_2) \times 0.06700}$$

式中：0.06700——与 1.00mL 高锰酸钾溶液 $c(1/5KMnO_4) = 0.1$ mol·L⁻¹相

当的以克表示的草酸钠的质量。

（2）具体步骤。

① 取 2g 风干土，置于 100mL 三角瓶中，并注入 40mL 去离子水和 5mL 0.3%过氧化氢溶液。

② 将三角瓶放在往复式振荡机上，振荡 20min。而后加入 5mL 3N 硫酸，以稳定未分解的过氧化氢。

③ 再将瓶中的悬液用慢速型滤纸过滤，然后吸取 25mL 滤液，用 0.1N 高锰酸钾溶液滴定至淡粉红色终点。

图 6-2-7　滴定终点

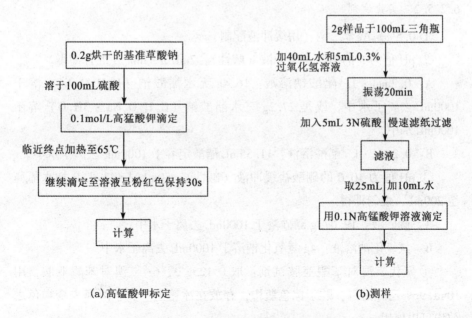

（a）高锰酸钾标定　　　　　　　　（b）测样

图 6-2-8　过氧化氢酶活性分析流程图

6.2.4.5　结果计算

以 20min 后 1g 土壤的 0.1N 高锰酸钾的毫升数表示：

$$过氧化氢酶活性 = (A-B) \times T$$

式中：T——高锰酸钾滴定度的校正值；

　　　A——用于滴定 25mL 原始过氧化氢混合液所消耗的高锰酸钾量，mL；

　　　B——用于滴定土壤滤液所消耗的高锰酸钾量，mL。

6.2.5　磷酸酶活性

6.2.5.1　方法原理

土壤磷酸酶活性的测定常用各种磷酸酯作为基质。常用的为酚酞磷酸酯、苯磷酸酯、甘油磷酸酯、α-或β-萘磷酸酯和 p-硝基苯磷酸酯等的水溶性钠盐。当它们被酶促水解时，能析出无机磷和基质的有机基团。因此磷酸酶活性的测定是测定基质水解后的无机磷或酚的部分。这里介绍的方法是测定基质水解时生成的酚量。该法可用于测定各种磷酸酶的活性：碱性磷酸酶（用 pH 值为 10 的硼酸盐缓冲液），中性磷酸酶（用 pH 值为 7.0 的柠檬酸盐缓冲液），酸性磷酸酶（用 pH 值为 5.0 的乙酸盐缓冲液）。

6.2.5.2　实验试剂

① 0.5%磷酸苯二钠（用缓冲液配制）。

② pH 值为 5 的醋酸盐缓冲液（酸性）：7mL A+3mL B 混合即得。

A：0.2mol·L^{-1} 醋酸钠溶液：16.4g 无水醋酸钠（$C_2H_3O_2Na$）溶于 1000mL 去离子水中，或是 27.2g 三水醋酸钠（$C_2H_3O_2Na \cdot 3H_2O$）溶于 1000mL 水中。

B：0.2mol·L^{-1} 醋酸溶液：11.55mL 醋酸定容于 1000mL 去离子水中。

③ pH 值为 10.0 的硼酸盐缓冲液（碱性）：50mL A+43mL B 加水稀释至 200mL，混匀即得。

A：硼砂液：19.072g 硼砂溶于 1000mL 去离子水中；

B：氢氧化钠溶液：4g 氢氧化钠溶于 1000mL 去离子水中。

④ 氯代二溴对苯醌亚胺试剂：取 0.125g 2，6-二溴对苯醌亚胺，用 10mL 96%乙醇溶解，贮于棕色瓶中，存放在冰箱里。黄色溶液未变褐色之前均可以使用。

⑤ 酚的标准溶液：酚原液，取1g重蒸酚溶于去离子水中，稀释至1L，贮于棕色瓶中。酚工作液，取10mL酚原液稀释至1L（每毫升含0.01mg酚）。

⑥ 甲苯。

⑦ 0.3%硫酸铝溶液。

6.2.5.3　仪器设备

分光光度计、培养箱、离心机、50mL比色管等。

6.2.5.4　操作步骤

① 取5g风干土，置于200mL三角瓶中，加2.5mL甲苯，轻摇15min后，加入200mL 0.5%磷酸苯二钠（酸性磷酸酶用醋酸盐缓冲液、中性磷酸酶用柠檬酸盐缓冲液、碱性磷酸酶用硼酸盐缓冲液），仔细摇匀后放入恒温箱，在37℃下培养24h。后于溶液中加100mL 0.3%硫酸铝溶液并过滤。

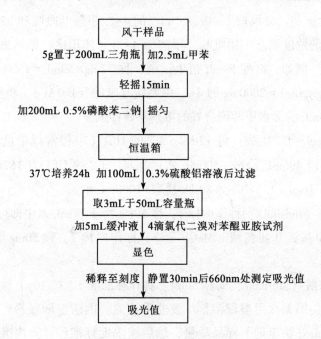

图6-2-9　磷酸酶活性分析流程图

②吸取3mL滤液于50mL容量瓶中，然后按绘制标准曲线所述的方法显色。用硼酸盐缓冲液时，呈现蓝色，在分光光度计上于660nm处测定光吸收值。

③标准曲线绘制，取1，3，5，7，9，11，13mL酚工作液，置于50mL

容量瓶中，每瓶加入 5mL 缓冲液和 4 滴氯代二溴对苯醌亚胺试剂，显色后稀释至刻度，30min 后测定吸光值。以光密度为纵坐标，以氨基氮浓度为横坐标，绘制曲线。

6.2.5.5　结果计算

磷酸酶活性，以 24h 后 1g 土壤中释放出的酚的毫克数表示：

$$酚（mg）= a×8$$

式中：a——从标准曲线查的酚毫克数，mg；

　　　8——换算成 1g 土的系数。

6.3　土壤氨基糖

6.3.1　实验试剂

① 衍生试剂：分别按照 40mg·mL^{-1} 的 4-二甲胺基吡啶和 32mg·mL^{-1} 的盐酸羟胺的浓度要求，用吡啶：甲醇为 4：1（体积比）的溶液做溶剂溶解配制即可。例如，欲配 50mL 衍生试剂：称 32mg×50mL = 1600mg 的盐酸羟胺和 40mg×50mL = 2000mg 的 4-二甲基胺基吡啶（DMAP），将其用 40mL 的吡啶与 10mL 的无水甲醇混合好的溶剂溶解即成。

② 2.6mol·L^{-1} 盐酸：将 12mol·L^{-1} 的 HCl（市售常规浓度）与水按 1：1 混合，即 496mL 盐酸+500mL 水；2mol·L^{-1} 的 HCl 为 167mL 盐酸+1000mL 水；1mol·L^{-1} HCl 为 83mL 盐酸+1000mL 水。

③ 肌醇（Inositol）：称作内标 1，称 50mg 溶于 50mL 水中即可。

④ N-甲基氨基葡萄糖（MeGlc-N）：称作内标 2，称 50mg 溶于 50mL 水中即可。

⑤ 胞壁酸（Muramic，简称 Mur）：称作标准液 1，按 10mL 称 5mg 的浓度标准配制，用无水甲醇做溶剂。要非常注意：因胞壁酸极易产生吸湿反应，称样时最好快速记下样品质量，然后按浓度标准经计算出准确毫升数后，用加液器准确加入无水甲醇。

⑥ 氨基糖混合标准液：称作标准液 2，各混合液都以 1mg·mL^{-1} 为浓度标准配制，之后加 1~2 滴 6mol·L^{-1} 盐酸以防染菌。例如，欲配 50mL 此液，D-（+）-氨基葡萄糖（GlucN）、D-（+）-氨基半乳糖（GalN）、D-（+）-甘露糖胺（ManN）各准确称取 50mg 以 50mL 水溶解即可。

6.3.2　仪器设备

冷冻干燥机、气相色谱仪等。

6.3.3　操作步骤

① 称样［按照含有0.4mg的碳进行，即以1%的总碳含量称0.5g为称量计算标准，称样量（g）= 0.5/总碳含量］至水解瓶中。

② 加入10mL 6mol·L^{-1}的HCl，盖紧盖，在105℃下水解8h。

③ 而后冷却，加入100μL（或50μL）内标1（肌醇），充满氮气（可免）。

④ 水解物通过德国GF6型玻璃纤维过滤器（或定量滤纸）过滤至心形瓶中。

⑤ 滤出液用旋转蒸发仪在40℃（52℃为实践温度）真空状态下彻底干燥。

⑥ 残渣用少量水溶解到50mL的离心管中。

⑦ 在pH酸度计上用0.4mol·L^{-1} KOH和稀HCl溶液调节pH值为6.6~6.8。

⑧ 沉淀物在3000r·min^{-1}下离心分离10min。

⑨ 上清液倒入梨形瓶中冷冻干燥至少8h（或再次在40℃下蒸发干燥）。

⑩ 干燥物用3mL的无水甲醇溶解后转入5mL的小离心管中，3000r·min^{-1}离心10min以便移出盐分。

⑪ 上清液（氨基糖部分）用无水甲醇溶解后转移到3mL的衍生瓶中。

⑫ 将衍生瓶在45℃氮气下吹扫干燥，去除多余的无水甲醇溶液，将干燥物溶解到1mL水中，排好顺序做样本及标样具体处理。

⑬ 样品处理：在每个样品瓶中加入100μL（或50μL）内标2（N-甲基氨基葡萄糖，MGlcN）。

⑭ 标样处理：另取2个Vial瓶加1mL水后，再从a~d（共4种试剂）依次各加入100μL（或50μL）。第一，内标2：N-甲基氨基葡萄糖（MGlcN）；第二，内标1：肌醇（Inositol）；第三，胞壁酸（Mur）；d. 混合标准液：D-（+）-氨基葡萄糖（GlcN）、D-（+）-氨基半乳糖（GalN）、D-（+）-甘露糖胺（ManN）。

⑮ 分别进行如上处理后，用Parafilm覆盖Vial瓶口，置于乙醇浴中冻

后装入梨型瓶中继续冷冻干燥8h。

衍生处理：

① 把已干燥好的样品和标样的3mL衍生瓶（Vial）从冷冻干燥机上取下，各瓶均加入0.3mL（300μL）的衍生试剂，盖好小瓶盖后，摇动几秒钟。

② 将衍生瓶（Vial）置于预先调好75~80℃温度的小电磁炉上加热30~40min（加热期间，小瓶要勤摇动几次），然后将小瓶冷却至室温。

③ 向Vial瓶中加1.0mL乙酸酐，盖紧后，再次摇动，然后置于75~80℃温度的小电磁炉上加热20~30min（此间小瓶仍要勤摇动几次）。

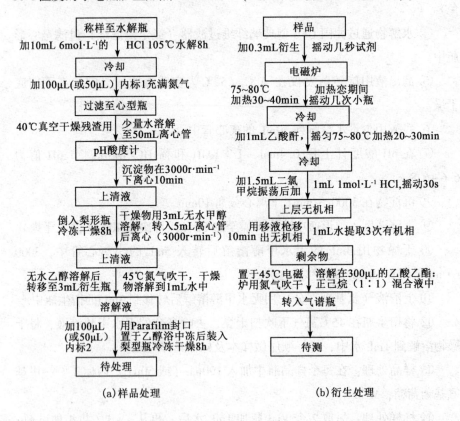

图6-3-1 氨基糖分析流程图

④ 冷却至室温后，加入1.5mL的二氯甲烷。

⑤ 封盖振荡片刻，加入1mL的1mol·L⁻¹ HCl封盖，激烈摇动30s，用移液枪移出分层后的上层无机相。

⑥ 按相同方式，用去离子水（每次1mL）对有机相进行3次提取。在

最后一次提取中，尽可能把水彻底地移出（注意：各瓶分别使用移液管头，切勿混淆）。

⑦ 最后将衍生瓶中的剩余物置于预先调好温度的 45℃ 小电磁炉上，用氮气吹扫干燥，最后溶解在 300μL（至少 200μL）的乙酸乙酯：正己烷（1：1）混合液中，转入带有衬管的气谱进样瓶中，待测。

6.3.4 结果计算

① 标样各种氨基糖积分峰面积的 Rf 值和 Ino/MeG 比值的计算：（以 Inositol 为内标）。

$$Rf_{GlucN} = \frac{肌醇的峰面积平均值}{肌醇的投标总量} \times \frac{GlucN 的投标总量}{GlucN 的峰面积平均值}$$

$$Rf_{ManN} = \frac{肌醇的峰面积平均值}{肌醇的投标总量} \times \frac{ManN 的投标总量}{ManN 的峰面积平均值}$$

$$Rf_{GlaN} = \frac{肌醇的峰面积平均值}{肌醇的投标总量} \times \frac{GlaN 的投标总量}{GlaN 的峰面积平均值}$$

$$Rf_{Mur} = \frac{肌醇的峰面积平均值}{肌醇的投标总量} \times \frac{Mur 的投标总量}{Mur 的峰面积平均值}$$

$$Rf_{MeGlc} = \frac{肌醇的峰面积平均值}{肌醇的投标总量} \times \frac{MeGlc 的投标总量}{MeGlc 的峰面积平均值}$$

Ino/MeG 比值＝肌醇的峰面积平均值/MeG 的峰面积平均值

② 土样中氨基糖/肌醇的峰面积比。

③ 土壤中氨基糖，μg/g。

④ 各糖的相互间比率。

⑤ 土壤中的氨基糖 mgN/土壤有机质（g）。

⑥ 氨基糖 mgN/土壤全 N（g）。

注意：在缺乏胞壁酸的情况下运用比值法换算的方法。

胞壁酸标样昂贵，一般可运用比值法换算的方式解决胞壁酸标样缺乏的问题。即可以选一种已经测定过的氨基糖的含量比较可靠的土壤样品，当成标准样品。以后再测定其他样品时，同时测定这个"标准样品"。因为这是没有胞壁酸的，所以没有相应的公式来计算胞壁酸的 Rf 值，但可以用以前的 Rf 值来计算，计算后有一个"系数"把"标准样品"中的胞壁酸和氨基葡萄糖的比例调整到以前测定值，然后再用这个"系数"调整新测定系列（同一批样品）的胞壁酸含量。

6.4　土壤线虫群落组成和多样性——蔗糖梯度离心法

6.4.1　实验试剂

TAF 固定液：配方为 70mL 甲醛、20mL 三乙醇胺，加 410mL 水定容到 500mL。

6.4.2　仪器设备

① 主要仪器：HPX-9502MBE 数显不锈钢电热培养箱，Olympus 显微镜，TDZ4A-ws 低速台式离心机，HHS/1-2-Ⅱ电热恒温水浴锅。

② 所需用具：铝盒、土钻、网筛（400，60，500 目）、天平、试管、计数皿、烧杯、镊子、试剂瓶、记号笔、玻璃棒、胶头滴管、茶色试剂瓶、量筒、计数器、青霉素小瓶。

6.4.3　操作步骤

① 线虫的淘洗过筛：称取鲜土 100g，倒入水盆中，加水搅匀，静置 1min，倒入一组网筛，上层为 60 目，下层为 400 目，边倒边振荡分样筛，防止水充满下层 400 目筛而从筛中溢出，然后再在水盆中加水搅匀，静置 1min，倒入网筛，重复三次。将 400 目的分样筛取下，用喷头把 400 目网筛中的线虫悬液中的泥浆冲洗干净，倒入烧杯中，静置（过夜）。

② 蔗糖梯度离心：将烧杯中的上层水轻轻倒掉，只保留约 30mL 下层水即线虫和泥浆的混合物，将其摇匀倒入离心管中，用天平调平衡后放入离心机（转速为 2000r·min⁻¹，时间为 4min）中，离心结束后取出离心管去掉上清液保留土层；然后在离心管中注入约 10mL 蔗糖溶液，调平摇匀放入离心机中进行第二次离心。这样线虫悬浮于蔗糖溶液中，而泥土由于密度大沉入底层。离心结束后，迅速将离心管中的上层液倒入 500 目筛中，以防止线虫在蔗糖溶液中脱水变形。用水将蔗糖溶液冲掉，将线虫液冲入烧杯中，随后转入试管中静置 24h 以上，使线虫沉淀并进行饥饿处理，可得到清楚的线虫标本。

③ 线虫的杀死和固定：线虫的杀死采用温和热杀死法，水浴锅温度设定为 60℃。静置 6h 以上，把试管中的上层水小心抽出，只保留 2~3mL，线虫集中于试管底部的水中。要避免大的晃动。将抽完水的试管放入水浴锅

中，加热 3min 杀死线虫，取出稍静置冷却，加入 2 倍于试管中线虫液的 TAF 固定液，摇匀倒入青霉素小瓶中，贴好标签按顺序放入标本盒中。

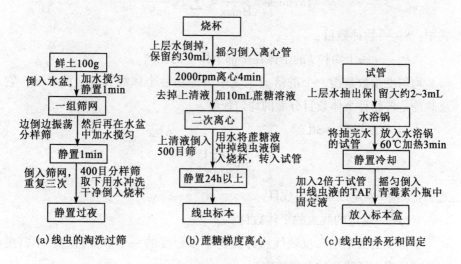

图 6-4-1　土壤线虫群落组成和多样性分析流程图

6.4.4　结果计算

土壤线虫是根据线虫的食性和头部形态学特征来分类的。首先在解剖镜下计数土壤线虫的总数，然后折算成每 100g 干土的线虫数量。科属鉴定通过用显微镜观察，随机抽取 100 条线虫，依据线虫的头部形态学特征和取食生境进行科属分类，一般将线虫分为四类：食细菌线虫、食真菌线虫、植物寄生线虫和捕食杂食线虫。

① 优势度指数（Dom）：

$$\text{Dom} = \sum p_i$$

式中：p_i——第 i 个线虫属个体所占的比例。

优势度指数高，说明该地区土壤线虫优势种群比较单一，不利于土壤线虫群落的稳定性。

② 香农-威纳指数（Hg）：

$$\text{Hg} = \sum P_i \ln P_i$$

式中：P_i——属于物种 i 的个体在全部个体中的比例。

香农-威纳指数是用来描述种的个体出现的紊乱和不确定性。不确定性越高，多样性也就越高。

③ 均匀度指数（Evenness）：

$$Evenness = \frac{H}{Hmax} = \sum P_i \frac{\ln P_i}{\ln S}$$

式中：S——物种数目；

P_i——属于物种 i 的个体在全部个体中的比例。

均匀度指数是指一个群落或生境中全部物种个体数目的分配状况，它反映的是各物种个体数目分配的均匀程度。

④ 丰富度指数（SR）：

$$SR = \frac{S-1}{\ln N}$$

式中：S——鉴定线虫属的数目；

N——鉴定的线虫的个体数目。

丰富度指数是用来反映线虫种类的丰富程度的一个重要指数，丰富度指数高说明土壤线虫的种类丰富。

本章参考文献

[1] FROSTEGÅRD Å, TUNLID A, BÅÅTH E. Microbial biomass measured as total lipid phosphate in soils of different organic content[J]. Journal of microbiological methods, 1991, 14(3):151-163.

[2] WHITE D, DAVIS W, NICKELS J, et al. Determination of the sedimentary microbial biomass by extractable lipid phosphate [J]. Oecologia, 1979, 40(1):51-62.

[3] DICK R P. Soil enzyme activities as indicators of soil quality 1 [J]. Defining soil quality for a sustainable environment, 1994:107-124.

[4] DICK R P, BREAKWELL D P, TURCO R F. Soil enzyme activities and biodiversity measurements as integrative microbiological indicators [J]. Methods for assessing soil quality, 1996:247-271.

[5] 关松荫. 土壤酶及其研究法[M]. 北京: 中国农业出版社, 1986.

[6] 陈立杰, 朱艳, 刘彬, 等. 连作和轮作对大豆胞囊线虫群体数量及土壤线虫群落结构的影响[J]. 植物保护学报, 2007, 34(4):347-352.

[7] 孙儒泳. 基础生态学[M]. 北京: 高等教育出版社, 2002.

第7章　土壤重金属

7.1　土壤重金属消解

7.1.1　电热板——坩埚消解

准确称取土壤样品 0.5000g 于 50mL 聚四氟乙烯坩埚内，用少量水润湿土样，加入 10mL HCl 摇匀加盖过夜，第二天放在电热板上，加热消解

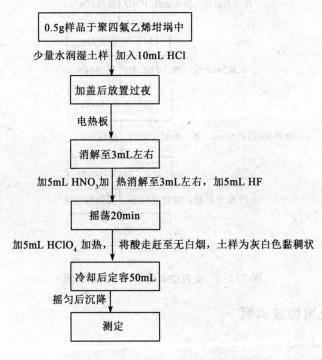

图 7-1-1　电热板-坩埚消解流程图

至 3mL 左右，加入 5mL HNO$_3$，再加热至 3mL 左右，加入 5mL HF，摇荡 20min，再加入 3mL HClO$_4$，加热赶酸至无白烟，土样变为灰白色黏稠状，取下待冷却后转移至比色管内，定容至 50mL，摇匀后沉降，取上清液测定（见图 7-1-1）。

7.1.2 全自动石墨加热消解

准确称取 0.5000g 土壤样品于聚四氟乙烯消解罐内，首先加入 10mL HCl，振荡 60s，130℃加热 40min；冷却 5min 后，加入 5mL HNO$_3$，振荡 60s，130℃加热 60min；冷却 5min 后，加入 5mL HF，摇荡 60s，130℃加热 10min，振荡 60s，冷却 5min，再加入 3mL HClO$_4$，振荡 60s；160℃加热 100min，冷却至室温，定容至 50mL，摇匀后沉降，取上清液测定（见图 7-1-2）。

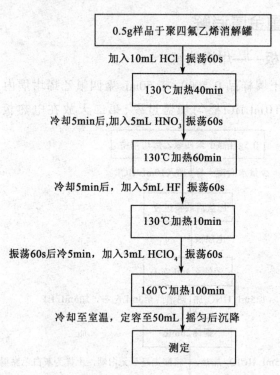

图 7-1-2 全自动石墨加热消解流程图

7.1.3 土壤微波消解

样品：土壤；

消解罐：Omni 罐，12 个；

试剂：王水；

样品类型：

样品量：0.5g；

仪器条件：MARS；

操作过程推荐：加 10mL 王水；

控制模式：爬温模式。

表 7-1-1　　　　　　　　　　　控制模式

步骤	最大功率 /W	功率 /%	爬升时间 /min	压力 /P	温度 /℃	保持时间 /min
1	1600	100	5	—	120	2
2	1600	100	10	—	180	15

注意：① 这个方法只是 CEM 公司提供一个参考方法，用户可根据自己的样品进行方法优化。

② 消解罐必须冷却到室温左右才能操作。取下消解罐的盖子前一定要注意保护好手、眼睛以及身体的其他部位。

③ 要根据消解罐的数目调整发射功率。

7.1.4　土壤沉积物、淤泥微波消解

样品：土壤沉积物、淤泥；

消解罐：Xpress 罐、55mL、8 个；

试剂：70%硝酸；

样品类型：有机；

样品量：0.5g；

仪器条件：MARSxpress 带 Reacti-Guard 全罐压力控制和双光路温度控制；

操作过程推荐：加 10mL 硝酸；

控制模式：爬温模式。

表 7-1-2　　　　　　　　　　　控制模式

步骤	最大功率 /W	功率 /%	爬升时间 /min	压力 /P	温度 /℃	保持时间 /min
1	1600	100	15	—	180	15

注意：① 这只是一个参考方法，用户可根据自己的样品进行方法优化。

② 消解罐必须冷却到室温左右才能操作。取下消解罐的盖子前一定要注意保护好手、眼睛以及身体的其他部位。

③ 要根据消解罐数目调整发射功率。假设最大功率设为1600W，100%功率。

④ 在新的MARSXpess操作软件中，有对样品类型的选择，分为有机、无机和水三类。大部分样品都可以选择"有机类型"，样品固体量大于1g的无机样品选择"无机类型"，在消解前样品含水量特别大、有机低含量的选择"水类型"。

7.1.5 植物样品微波消解

样品：植物干样；

消解罐：Xpress消解罐，8~40个；

试剂：70%硝酸；

样品量：0.2g；

仪器条件：MARS；

操作过程推荐：加8mL硝酸；

控制模式：温度梯度升温。

表7-1-3 控制模式

步骤	最大功率/W	功率/%	爬升时间/min	压力/P	温度/℃	保持时间/min
1	1600	100	6	默认值	120	2
2	1600	100	5	默认值	150	5
3	1600	100	4	默认值	180	15

注意：① 这个方法只是CEM公司提供一个参考方法，用户可根据自己的样品进行方法优化。

② 取下消解罐的盖子前一定要注意保护好手、眼睛以及身体的其他部位。

③ 要根据消解罐的数目调整相应微波功率平台下的升温时间。

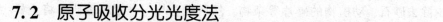

7.2 原子吸收分光光度法

可测指标有铜、锌、铅、镉、镍、铬。

7.2.1 方法原理

原子吸收光谱法是基于从光源辐射出具有待测元素特征谱线的光（从空心阴极灯发射出来的锐线光源），通过试样蒸气时被蒸气中待测元素基态原子所吸收，由辐射特征谱线光被减弱的程度来测定试样中待测元素含量的方法。

从实践上、理论上都证明，锐线光源辐射的共振线强度被吸收的程度与待测元素吸收辐射的原子总数成正比：

$$A = kNL$$

式中：A——吸收度；

　　　k——常数；

　　　N——待测元素吸收辐射的原子总数；

　　　L——原子蒸气的厚度（即吸收光程）。

在实际分析中，要求测定的是试样中待测元素的浓度，而此浓度是与待测元素吸收辐射的原子总数成正比的。在一定浓度范围和一定吸收光程的情况下，吸光度与待测元素的浓度 c 关系为：

$$A = k'c$$

在一定实验条件下，吸光度与浓度的关系是服从比尔定律的。因此，测定吸光度就可求出待测元素的浓度。

7.2.2 实验试剂

铜、锌、铅、镉、镍、铬标准溶液，高氯酸（优级纯），硝酸（优级纯），氢氟酸（优级纯），盐酸（优级纯）。

7.2.3 仪器设备

原子吸收分光光度计、电热板、空气压缩机、聚四氟乙烯坩埚、常用玻璃器皿，铜、锌、铅、镉、镍、铬空心阴极灯等。

7.2.4 操作步骤

将采集的土壤样品放到搪瓷盘中，自然风干后，用竹片或木铲轻轻搅拌。

除去砂石、动植物的碎片等杂物，然后混合均匀，用玛瑙研钵将土样研细并过100目的尼龙筛，用四分法取得所需要的样品数量，装入棕色广口磨口瓶中，放入干燥器中备用。

样品消解采用电热板/盐酸-硝酸-氢氟酸-高氯酸消解法。准确称取0.5000g制备好的土壤样品于聚四氟乙烯坩埚中，加入1mL盐酸，用去离子水润湿，放置在加热板上，在170℃加热蒸发至5mL左右，加入10mL硝酸和5mL氢氟酸并继续加热，为了达到更好的除硅效果应经常摇动坩埚。最后加入5mL HClO$_4$，并加热至白烟冒尽。对于含有机质较多的土样，应在加入HClO$_4$之后加盖消解，土壤分解物应呈白色或淡黄色，倾斜坩埚时呈不流动的黏稠状。用稀硝酸溶液冲洗内壁及坩埚盖，温热溶解残渣，冷却后定容至100mL，50mL 或25mL 备测（最终体积依待测成分含量而定）(见图7-2-1)。

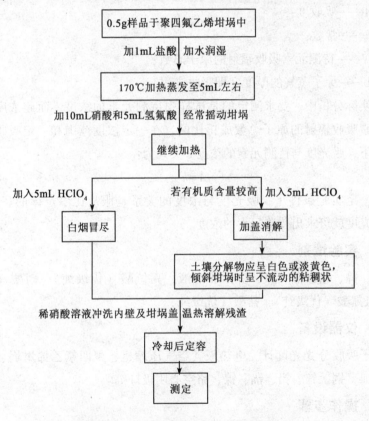

图7-2-1　原子吸收分光光度法分析流程图

标准溶液采用市售标准溶液，铜、锌、铅、镉、镍、铬的浓度分别为 500，500，1000，500，1000，500mg·L^{-1}，用标准溶液配制 6 种浓度的标准系列，标准系列的浓度选择要适中，保证待测样品的浓度在标准系列浓度范围内。

7.3　电感耦合等离子体原子发射光谱法（ICP-AES）

可测指标有钙、镁、磷、铁、铜、镍、硫、钼、硼、钾、铝、铬、钠。

7.3.1　方法原理

ICP-AES 法是以电感线圈为耦合元件，将高频电磁场的能量提供给等离子体，以等离子体作为激发分析试样的热源，进行发射光谱测定。

样品经过化学处理制备成待测液，以气溶胶状态进入等离子体的中心通道，受热蒸发、原子化、电离和激发，各元素特定的辐射波长的光，射入仪器固定的元素通道，通过光学检测系统接收各元素的光信号，经分光后，将分析元素的发射光信号转变为电信号，放大信号与标准样品对比、计算机校正数据后，打印出各元素的分析结果。

7.3.2　实验试剂

①　盐酸、硝酸、高氯酸、氢氟酸。

②　20％王水：按比例配制（盐酸：硝酸：水＝3∶1∶20）。

7.3.3　仪器设备

聚四氟乙烯坩埚、加热板、ICP 等。

7.3.4　操作步骤

①　土壤过 2mm 筛，无植物碎片杂物，风干土样最优。

②　称量样品 0.5g，精确到 0.0001g，倒入聚四氟乙烯坩埚中。

③　滴入 5 滴去离子水。

④　先后加入 8mL 硝酸、2mL 高氯酸、10mL 氢氟酸，盖上盖子后放置过夜。（氢氟酸腐蚀玻璃）

⑤　加热板与坩埚之间保持一定的距离，避免相互污染，电热板温度控制在 300℃，一般加热 4~6h。

⑥　加热的过程变化，土色—沸腾—剧烈沸腾—溶液变少—3h 后土色变

浅—无色溶液—浅绿色—绿黄色—溶液变浓、颜色偏黄—糊状，晃动时候不移动但是还有一点湿润。（溶液变浓、颜色偏黄时候打开盖，这时候冒出剧烈烟雾，5~10min后溶液开始变成糊状，晃动时不移动但是还有一点湿润的状态，一般会选择再加热一小会，保证无水溶液偏干，如果煮干了会成白色，这时候也没什么影响。）开盖后盖放置要对应，避免混乱。

⑦ 煮成糊状物质后，拿下来放置10min，（一般做的过程不拿下来），用枪加入10mL 20%王水（盐酸：硝酸：水＝3：1：20），这时候溶液呈黄色，加热3~10min，溶液内起液泡时即可（这时候就是所谓的沸腾，溶液不得低于5mL）。

⑧ 通风橱内冷却，冷却后定容至50mL容量瓶，定容时候要清洗坩埚盖。定容后溶液颜色是浅黄绿色，如果是淡土黄色则是没有消煮成功。

⑨ 将容量瓶里面的溶液进行过滤，定量中速滤纸，过滤后保存起来（见图7-3-1）。

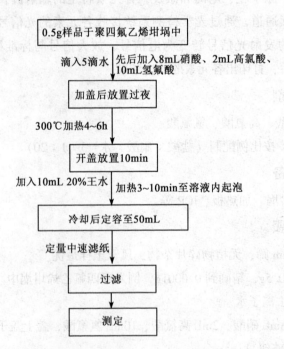

图 7-3-1 土壤重金属分析流程图

注意：① 每批次设置一个空白，空白不加土样，空白定容后是无色；

② 加酸要有一定顺序；

③ 氢氟酸容易腐蚀玻璃；

④ 加入王水后物质全部溶解；

⑤ 全消煮过程必须在强通风橱内进行；

⑥ 消煮过程要做好防护工作；

⑦ 消煮只能测全态；

⑧ 铬测得不准，会出现负值；

⑨ 如果测铁，在取放坩埚时避免与镊子接触。

7.3.5　结果计算

$$含量 = （测量值-空白值）×50/质量$$

本章参考文献

[1] 蔺凯,刘建利,王舒婷,等.土壤中重金属消解方法的比较[J].安徽农业科学,2013(22):9259-9260.

[2] 朱颜苹,段桂玲,亓学红.原子吸收分光光度法测定土壤中的重金属[J].绿色科技,2012(7):175-176.

[3] 吕明超,肖荣波,徐梦劼,等.土壤重(类)金属消解方法的研究进展[J].环境监测管理与技术,2017,29(1):6-10.

[4] WILSON S.Comparison of digestion methods for ICP-OES analysis of a wide range of analytes in heavy metal contaminated soil samples with specific reference to arsenic and antimony[J].Communications in soil science and plant analysis,2004,35(9/10):1369-1385.

[5] ZHANG S R,CAO X X.Detection of Heavy metal in soil with different digestion methods[J].Environmental science and technology,2004,27.

[6] 张素荣,曹星星.对比不同消解方法测定土壤中重金属[J].环境科学与技术,2004,27:49-51.

[7] 陈凌云.ICP-AES法测定土壤中重金属的不确定度评定[J].化学分析计量,2004(3):6-8.

[8] SAFAROVA V I,SHAIDULLINA G F,MIKHEEVA T N,et al.Methods of sample preparation of soil,bottom sediments,and solid wastes for atomic absorption determination of heavy metals[J].Inorganic materials,2011,47(14):1512-1517.

附图 常用仪器、工具

附图1 超声波清洗机

附图2 高压灭菌锅

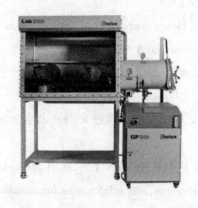

附图3 手套箱

附图4 电子天平

附图5　万分之一天平

附图6　球磨仪

附图7　微波消解仪

附图8　离心机

附图9　纯水器

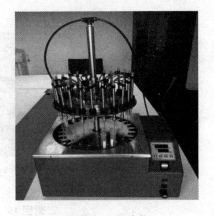

附图10　氮吹仪

附图 11　磁力搅拌器

附图 12　干燥箱

附图 13　恒温培养箱

附图 14　马弗炉

附图 15　水浴锅

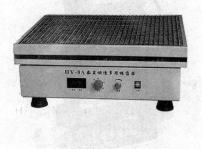

附图 16　冷冻干燥机　　　　　　附图 17　振荡器

附图 18　滴定仪　　　　　　　　附图 19　pH 计

附图 20　二氧化碳红外吸收仪

附图 21　数字流量计

附图 22　紫外分光光度计

附图 23　红外分光光度计

附图 24　原子吸收分光光度计

附图 25　荧光分光光度计

附图 26　高效液相－日本岛津

附图 27　气相色谱仪　　　　　附图 28　自动旋光仪

附图 29　电化学分析仪

附图 30　TOC 碳氮分析仪

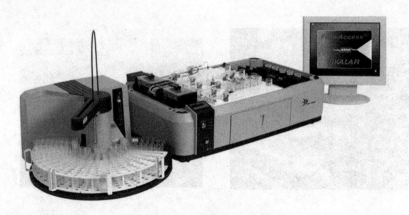

附图 31 流动注射分析仪

附图 32 元素分析仪　　　　　　　　附图 33 火焰光度计

作者简介

林俊杰，男，汉，1982 年 7月生，博士，副教授，硕士研究生导师，曾就职于农业部农产品监督检验中心、黑龙江省农垦环境监测站等单位。期间获得国家留学基金委资助到美国Universityof California，Santa Cruz环境系开展合作研究。

主要从事污染生态学、土壤碳氮循环等方面的教学科研工作，先后主讲《环境学》《生态学》和《土壤学》等课程，近年来先后主持国家级课题 2 项、省部级课题等 10 余项。在 GlobalChange biology，Science of Total Environment J Hazard Material 等国内外主流杂志发表论文 30 余篇。

个人主页 URL：http：//www. researcherid. com/rid/G-5715-2011

Email：ybu_ lin@126. com

项目资助

[1] 土壤干湿循环过程控制中速周转碳库分解温度敏感性的关键机制研究，国家自然科学基金面上项目（31770529）2018-2021。

［2］农田土壤新碳、老碳的温度敏感性和微生物有效性研究，国家自然科学基金青年项目（41301248）2014-2017。

［3］干湿交替对库区消落带干支流消落带土壤碳氮矿化温度敏感性的影响，教育部春晖计划（Z2015133）2015-2017。

［4］淹水-落干条件下消落带土壤氮矿化及其对温度升高的响应，重庆教委科技项目（KJ1601016）2016-2018。